谨以此书献予中山大学百年校庆

从相对论到引力波

罗蔚茵 郑庆璋 编著

科学出版社

北京

内 容 简 介

本书主要介绍狭义相对论和广义相对论的基本知识、引力波的特性及其探测过程,力图简洁地阐明相对论时空观及其有关预言的验证事实,并在这个基础上拓展介绍引力波的相关知识,希望有助于读者了解相对论和引力波,破除神秘感.在叙述上,本书力求用通俗的语言、具体的例子和简化的论证去说明问题,避免让冗长的数学推导和繁琐的实验细节掩盖明晰的物理思想,同时,也注意尽量不失科学性,求得生动与严谨的平衡.

本书适合普通高等院校理工科物理学专业学生与物理教师,以及对物理学感兴趣的科普爱好者.

图书在版编目(CIP)数据

从相对论到引力波 / 罗蔚茵,郑庆璋编著. -- 北京:科学出版社,2024.11. -- ISBN 978-7-03-079945-6

Ⅰ.O412;P142.8

中国国家版本馆CIP数据核字第2024QU4109号

责任编辑:罗 吉 龙嫚嫚 / 责任校对:韩 杨
责任印制:赵 博 / 封面设计:有道文化

科学出版社 出版
北京东黄城根北街16号
邮政编码:100717
http://www.sciencep.com

北京华宇信诺印刷有限公司印刷
科学出版社发行 各地新华书店经销
*
2024年11月第 一 版 开本:850×1168 1/32
2025年 9 月第四次印刷 印张:7
字数:145 000
定价:39.00 元
(如有印装质量问题,我社负责调换)

前　言

2015 年是物理学界值得纪念的一年.这一年,是爱因斯坦建立狭义相对论 110 周年,也是他建立广义相对论 100 周年,更是人类直接探测到引力波的一年,这一梦想的实现也是全世界科学家前赴后继、艰苦奋斗半个多世纪以来的结果.

2016 年 2 月 11 日,美国激光干涉仪引力波天文台(LIGO)在经过仔细的核查和分析研究后,对外公布探测到引力波信号(编号为 GW150914).随后,2017 年诺贝尔物理学奖授予探测到引力波的主要参与者,引力波这个陌生的词汇进入了大众视野,激起了一场科学研究与科普的热潮.普通大众除了热议以外,还关注引力波的应用问题.一些有"商业头脑"的"商家"便利用人们不了解引力波以及高频电磁射线(如 X 射线、γ 射线等)对人体的伤害,竟然在互联网上推销"高科技"的防引力波辐射产品.

这些商家和买家不但不知道引力辐射对人体细胞有无伤害,也不了解引力波到达地面的强度.事实上,到达地球的引力波是极其微弱的,一般其相对振幅 $h<10^{-21}$,即相距一万公里(10^7 m)的两点在引力波的作用下,其最大伸缩小于 10^{-14} m,接近一个原子核的大小.他们不了解引力波究竟对人

体有什么影响,这是对科学无知引起的商业炒作.

然而必须指出,人类第一次探测到的引力波本身是极其强烈的,只不过波源离地球太远,它是在十几亿光年外,由两个分别为29倍太阳质量和36倍太阳质量的超恒星级黑洞并合产生的.这两个黑洞系统在短短的一秒钟之内将重达3倍太阳质量(也就是大约六千亿亿亿吨,即6×10^{27}吨)的静质量通过质能关系式$E=mc^2$转化成了巨大的引力波能量,而引力波的能量密度又大致上是与传播距离的平方成反比的,因此到达地球时才会那么微弱!

大家不妨设想,如果引力波源离我们足够近,以致其相对振幅$h\sim10^{-1}$,即时空相对伸缩最大约为物体本身长度的1/10,则引力波的"引潮力"[①]将会在若干秒内以每秒约1000次的频率像搓揉面团那样搓揉物体,至于人类该如何应对,那些"防引力波辐射产品"肯定是不起作用的.

以上提到的引力波的引潮力,不是很强的周期性引潮力.自然界中还可能出现一种逐渐加强的引潮力,它会不断拉伸物体,直到把物体撕碎.人类有史以来能够看到最为壮观的一次逐渐增大的引潮力把天体撕碎的事件,莫过于1994年7月苏梅克-列维9号(Shoemaker-Levy 9,S-L9)彗星撞击木星事件(如图1所示).图1(a)为彗星核在绕木星运动并逐渐迫近的各个时刻位置示意图,图中标示线段长度为各时刻彗星核被引潮力拉长和撕碎后碎片分布范围,一直到1994年7

[①] "引潮力"即为引起地球潮汐的那种力,也可称为"起潮力",在后面讨论广义相对论时会详细介绍.

月15日撞击木星前41小时.图1(b)为彗星核不断被引潮力撕碎的跟踪照片.

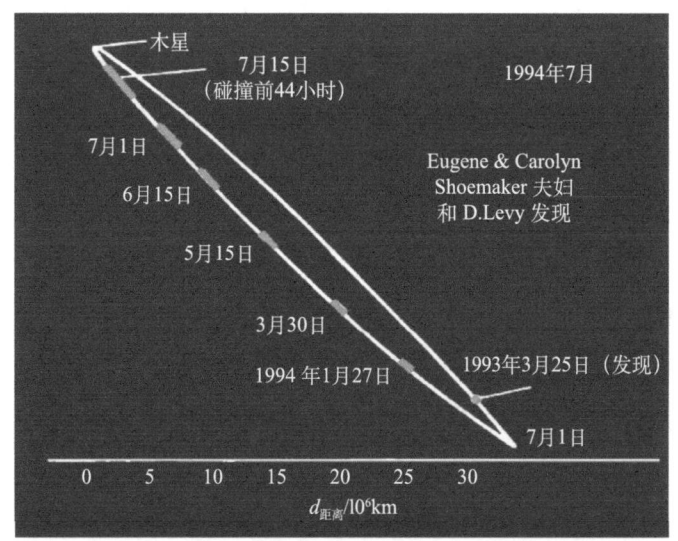

(a) 彗星在不同时刻与木星的相对位置及其碎片分布示意图

(b) 彗星核被引潮力撕碎后的跟踪照片
图1 苏梅克-列维9号彗星撞击木星事件

引力波实质上是广义相对论中的弯曲时空在受到物质的激烈变动激发下,以光速传播的波动过程.因此,要了解引力波,需要先弄清楚近代时空观,即要初步了解其理论基础——狭义相对论和广义相对论.阐述相对论的书籍除了标准的大学教材之外,科普读物也不少.这些科普读物中不乏优秀之作,使得相对论及其时空观得到了一定的传播.本书编者之一也曾编著过两本有关科普读物[①],均获得好评.尤其是《相对论与时空》,在2005年被中国物理学会推荐为"国际物理年"的青少年优秀读物.当人类首次直接探测到引力波及其项目负责人获得2017年度诺贝尔物理学奖的消息发表后,举世瞩目,国人也不例外.唯普罗大众对引力波为何物、有无实用意义,都不甚了了,以致闹出"高科技防引力波辐射服"的笑话.可见,普及一些有关相对论和引力波的知识,对提高普通民众的科学素质很有必要.对中华民族的伟大复兴来说,除了建立强大的物质生产力外,当然也必须普遍提高人们的文化和科学素质.对于当代的大学生,无论是文科或理科,相对论时空观应该是他们要具备的科学知识背景.编者长期从事大学基础物理的教学工作,参与有关相对论和引力波的研究工作多年,相信可以把有关问题讲解到具有中学以上物理水平的读者都能基本明白.本书力图简洁地阐明相对论时空观("狭义"的和"广义"的)及其有关预言的验证事实,并在这个基础上延伸介绍引力波的相关知识,希望帮助了解相对论和引力波,破除神秘感.在叙述上,则力求用通俗的语言、具体的例子和简化的论证去说明问题,避免让冗长的数学推导和烦琐的实验细节掩盖明晰的物理思想,与此同时,也注意尽量不失科学性,求得生动与

---

① 郑庆璋,崔世治.狭义相对论初步.上海:上海教育出版社,1981;郑庆璋,崔世治.相对论与时空.太原:山西科学技术出版社,2005.

前言

严谨的平衡.为了既突出主要内容又能兼顾不同的读者需求,正文当中穿插有相当数量的"选读"材料,其主要是对某些问题作进一步阐述,或一些实验、数学推导细节等.它们是正文的重要而有趣的补充,可以同正文结合起来读;如果略去其中某些不读,也不影响对本书论题的正确了解.此外,我们将在保证科学性的前提下,牺牲一些严谨性.希望对相关话题进一步深入了解的读者可以参阅所列举的一些参考书籍和文献.

此外,本书在介绍科学知识的同时,还渗透着科学的世界观、方法论的阐述,多处引用爱因斯坦的论述,介绍爱因斯坦建立相对论过程中的思路历程和所进行的艰辛探索,旨在使读者在了解相对论和引力波的过程中,同时能受到物理学大师的科学精神和思维方法的熏陶.爱因斯坦在《我的世界观》[①]中说道:"我每天上百次地提醒自己:我的精神生活和物质生活都依靠别人(包括活着的人和死去的人)的劳动,我必须尽力以同样的分量来报偿我所领受了的和至今还在领受的东西."爱因斯坦正是以这份强烈的科学家责任意识,毕生贯注于探索客观世界,致力造福于人类世界!

编者希望通过本书,为普及相对论和引力波知识以及颂扬科学精神做一点微薄的工作.衷心感谢司徒树平老师对本书的校对,以及中山大学物理学院对本书出版的大力支持.

[①] 爱因斯坦.爱因斯坦文集.第三卷.许良英,赵中立,张宜三,编译.北京:商务印书馆,1979:42.

由于编者水平所限，不当之处在所难免，敬请同行及读者批评指正.

编　者

2024 年 7 月于广州康乐园

目 录

前言

第 1 章
牛顿经典理论怎么了？/ 1

- 1.1 回顾牛顿力学概要 / 2
- 1.2 牛顿经典力学的困境 / 14

第 2 章
狭义相对论很奇异吗？/ 24

- 2.1 相对论的时空效应 / 26
- 2.2 洛伦兹变换公式 / 40
- 2.3 狭义相对性原理 / 46
- 2.4 相对论中质量和能量的关系 / 53
- 2.5 闵可夫斯基四维时空的图像 / 71
- 2.6 趣谈狭义相对论的几个疑点 / 81

第 3 章
广义相对论有多奥妙？/ 97

3.1 狭义相对论遗留的问题 / 98
3.2 爱因斯坦等效原理 / 105
3.3 广义相对论的引力观 / 122
3.4 广义相对论的时空观 / 131
3.5 广义相对论的实验验证 / 141
3.6 黑洞——高度弯曲的时空 / 157

第 4 章
引力波的芳踪何处觅？/ 167

4.1 别具一格的引力波 / 167
4.2 引力波源深空藏何方 / 173
4.3 探测引力波的漫漫路 / 180
4.4 人类终于在地面上探测到引力波 / 189
4.5 引力波的探测方兴未艾 / 196

尾声 / 208

后记 / 211

第 1 章

牛顿经典理论怎么了？

众所周知，英国物理学家牛顿（I. Newton）建立的力学三大运动定律和万有引力定律，通称牛顿经典理论，曾经成功地诠释甚至预言了地上和天上的许多现象和运动规律．诺贝尔物理学奖获得者李政道曾感言，在中国做学生的时候，乍一接触到物理学，给他印象最深的是物理法则的普适性，这个概念深深地打动了他．物理法则既适用于地球上你的卧室里的个别现象，也适用于火星上的个别现象．这一思想对他来说是新颖的，激发着他追求科学的兴趣．牛顿的专著《自然哲学的数学原理》是开创性的科学巨著，它深刻地影响了力学、光学、天文学、微积分等领域的科学研究．后来，天文学家根据牛顿万有引力定律，发现了太阳系的第八颗行星——海王星．英国诗人亚历山大·蒲柏（Alexander Pope）写了一首诗来赞美牛顿的历史功绩："自然与自然的定律，都隐藏在黑暗之中．上帝说，让牛顿来吧！于是，一切变为光明．"牛顿经典理论辉煌的成就曾经使得 19 世纪的一些人认为以牛顿经典理论为基础的物理学大厦已经建成了，但是随着科学的不断发展，发现牛顿经典理论存在许多令人困惑的难题,旧物理学大厦出现了问题,物理学天际的两朵乌云催生了相对论和量子力学,人们不禁会问:牛顿经典理论怎么了?它和相对论有何因缘?爱因斯坦在《物理学的进化》一书中精辟地指出[①]:"相对论的兴起是由于实际需要,是由于旧理论中的矛盾非常严重和深刻,旧理论对这些矛盾已经无法避免了.新理论的好处在于它解决这些困难时很一致、很简单,只应用了很少几个令人信服的假定……旧力学只能应用于小的速度,而成为新力学中的特殊情况."下面我们就根据爱因斯坦这个论述来介绍相对论的建立背景.

1.1 回顾牛顿力学概要

爱因斯坦说[②]:"科学没有永恒的理论,一个理论所预言的论据常常被实验所推翻,任何一个理论都有它的逐渐发展和成功的时期,经过这个时期后,它就很快地衰落……差不多科学上的重大进步都是由于旧理论遇到了危机,通过尽力寻找解决困难的方法而产生的.我们必须检查旧的观念和旧的理论,虽然它们是过时了,然而只有先检查它们,才能了解新观念和新理论的重要性,也才能了解新观念和新理论的正确程度."所

---

① 爱因斯坦,英费尔德.物理学的进化.周肇威译.上海:上海科学技术出版社,1962:142,143.
② 爱因斯坦,英费尔德.物理学的进化.周肇威译.上海:上海科学技术出版社,1962:53.

谓旧理论主要指的是经典牛顿力学，包括牛顿动力学的三大运动定律和万有引力定律．因此，在介绍相对论之前，有必要先回顾一下牛顿运动定律的有关概念，并需要"检查"它们（关于万有引力定律，我们以后再专题讨论）．当然，牛顿力学仍然是物理学不可或缺的基石，正如爱因斯坦所说[1]："我们可以说建立一种新理论不是像毁掉一个旧的仓库，在那里建起一个摩天大楼．它倒是像在爬山一样，越是往上爬越能得到新的更宽广的视野，并且越能显示出我们的出发点与其周围广大地域之间的出乎意外的联系．"下面我们在回顾牛顿运动定律的同时，对有关概念的传统说法重新审视和予以澄清．

一、牛顿三大运动定律

牛顿动力学的三大运动定律一般表述如下．

牛顿第一定律：物体在不受到外力作用时，恒保持静止或匀速直线运动状态．

牛顿第二定律：物体受到外力作用时，其加速度与外力成正比，与它的质量成反比，即

$$a = \frac{F}{m} \quad \text{或} \quad F = ma \quad (1.1.1)$$

其中，F 为外力，m 为物体的质量，a 为物体获得的加速度．

牛顿第三定律：物体受到外力作用时，必定同时对施力物体施加一个大小相等、方向相反的反作用力．

---

[1] 爱因斯坦，英费尔德．物理学的进化．周肇威译．上海：上海科学技术出版社，1962：109.

必须指出，严格来讲，上述的"物体"应该改为只需考虑质量、可以忽略形状和大小的"质点"，而"外力"则应该是"合外力"或"外力的矢量和".

运动的相对性

我们通常说"汽车停在车站上不动"，或者说"列车以 60 km/h 的速度行驶"，是相对于地面而言.事实上地球本身也在相对于太阳和其他恒星运动，除了自转以外，还以约 30 km/s（或 10^5 km/h）的巨大速度绕太阳公转.因此，如果是相对于太阳而言，车站上停着的汽车就再也不是静止的了，它以 10^5 km/h 的高速跟着地球一起绕太阳公转（参看图 1.1.1），而列车的行驶速度也比 60 km/h 大得多.

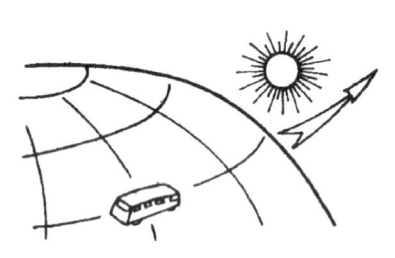

图 1.1.1 相对地球静止的汽车随地球一起绕太阳公转

由此可见，在描述物体的位置变动，即所谓"机械运动"时，必须首先选定一个物体或者相互间无相对运动的物体群所在空间作为参考或作为对照，否则就毫无意义.

在上面的例子中，第一种情况是选地球所在空间为参考系，得到"停在车站上的汽车是静止的"这个结论；第二种情况是选太阳等所在空间为参考系，得到"汽车随着地球高速地运动"的结论. 类似的例子还有很多. 例如, 在匀速运动的车厢中做自由落体的实验时, 车厢中的观察者观测到物体沿铅垂线匀加速落下, 而在路基上的观察者却观测到物体做平抛运动, 如此等等. 由此可见, 同一物体的运动, 选用不同的参考系去描述时是各不相同的. 这就是运动（机械运动）的相对性.

重新审视参考系的传统定义

在学习相对论时, 参考系是一个非常重要的概念. 自然界中的一切物质都是不断运动变化发展的, 物理学往往需要选定一个参考系做具体的研究和描述, 这从最简单的机械运动和比较复杂一点的电磁现象就能很明显地看到. 不同的参考系可能得到不同的结果, 但是这些不同结果却是由参考系之间的关系确定的. 有关这方面的研究就是相对论, 可见相对论中的相对是指参考系之间的相对, 而不是个别观测者"看到"的相对, 换言之, 这是完全客观的、不以个别观测者的"看到"而转移!

传统的力学教材通常定义参考系为某一物体或没有相互位置变动的物体群. 必须指出, 这种对于参考系的实物定义是粗浅的和不够准确的, 有时还会引起错觉. 确切地说, 应该把参考系理解为一个空间, 这个空间是和某一物体或没有相互位置变动的物体群固连在一起的整体空间. 这似乎有点抽象, 如果把它和坐标系联系在一起, 就比较容易理解（坐标系是参考系的数学抽象）. 例如, 我们选实验室为参考系, 以实验室的一角定义坐标原点 O, 墙壁和地板的交线作为坐标轴 x、y、z,

则整个坐标系延伸开来的空间就是实验室参考系,而不是单纯限于实验室本身.

在此必须强调,相对运动应是参考系整体空间的相对,而不是个别观测者"看到"某具体事物的相对!例如,某学生乘公交汽车从中山大学广州校区到珠海校区,当汽车前进时,他看到路旁的事物(如树木、商店、路灯等)都往后退,而远处的事物(如广州塔、高压电线塔等)看似却和汽车一起前进.试问:他的观测结果是以什么为参考系呢?如果他把汽车和车上的事物作为参考系,最后他抵达珠海,路边的树林、商店等留在广州,这不奇怪吗?为什么看似与他同样向前行的广州塔和高压电线塔却也仍然留在广州原地?又如,为什么每当月上柳梢头,月亮看似跟着我们走?这些现象是否违反了相对性原理?这些疑惑提醒我们注意相对运动应是参考系整体空间的相对,而不是个别观测者"看到"某具体事物的相对!可见正确理解参考系的概念非常重要.

"惯性参考系"的定义存疑

牛顿三大运动定律是大家都熟悉的,"惯性参考系"也是我们耳熟能详的概念,值得讨论的问题是,牛顿第一和第二定律中的"静止"和"加速度"是相对哪一个参考系?多数读者可能马上回答:"惯性参考系!"是的,没错.但是怎样定义一个参考系是一个惯性参考系呢?我们在此提醒读者注意避免"逻辑循环",以及避免混淆"定律"和"定义"两者的问题,这对于培养正确的科学思维方法会有所启发,而且"惯性参考系"的概念对后面所讨论的狭义相对论和广义相对论也是很有考究的.

许多书是这样定义"惯性参考系"的——"满足牛顿第一定律要求的参考系,就是惯性参考系".这个结论虽然是对的,但这样就会陷入"逻辑循环":既然牛顿第一定律成立的参考系是惯性参考系,那么在这个参考系内,一切物体都必然做惯性运动(即静止或匀速直线运动).这种定义方法形成了一个无法解脱的"逻辑循环",我们定义惯性系要用到惯性定律,而定义惯性定律又要用到惯性系,而且按此逻辑,牛顿第一定律仅仅是惯性参考系定义的必然推论,而不是一个普适的自然定律了.爱因斯坦在《相对论的意义》一书中也指出[①]:"惯性原理的弱点在于它含有循环的论证:如果一个质量离其他物体足够遥远,它就做没有加速度的运动;而我们却又只根据它运动时没有加速度的事实才知道它离其他物体足够遥远."为解除上述逻辑循环的尴尬,在经典力学的框架下,我们可以用一种"自洽"的方法来讨论惯性参考系和牛顿第一定律的关系.首先引用一个惯性参考系的"操作定义",即选用一个特定的物体(例如国际千克原器)作为检测物,若它在某个参考系中遵从牛顿第一运动定律,则这个参考系便可定义为惯性参考系(注意这只是给某个参考系作了人为的定义).然后通过实验检测其他任何物体在此参考系中是否仍然遵从牛顿第一定律,如果其他任何物体仍然遵从牛顿第一定律,就是说牛顿第一定律是具有普适性而成为自然定律的,而不只是惯性系人为

---

① 爱因斯坦.相对论的意义.李灏,译.北京:科学出版社,1961:38.

定义的必然推论.由此可见,必须区分定律和定义.

非惯性参考系和惯性力

按照经典力学的观念,经验告诉我们,牛顿运动定律在某些参考系中的确是成立的,这些参考系早期由科学家朗格(L. Lange)定义为惯性参考系,此概念沿用至今.大家知道,除了一些过程较长、精度要求高和范围广的实验外,地面上所做的力学实验基本上都遵从牛顿运动定律,因此,地面参考系是一个近似的惯性参考系.对行星运动的观测表明,相对于太阳和其他恒星组成的参考系的运动更准确地遵从牛顿运动定律,所以由太阳和恒星组成的参考系是一个较好的惯性参考系.实验证明,相对于惯性参考系做匀速直线运动的参考系也是惯性参考系.

在此,我们再讨论一下非惯性参考系和惯性力的问题.相对于惯性参考系有加速度的参考系称为非惯性参考系.显然,由图 1.1.2 和图 1.1.3 可见,对于非惯性参考系(加速的车厢和做圆周运动的飞船),牛顿定律就不成立了:车厢内的物体"自动"向后加速,飞船内的物体受重力的作用而不掉向地心.因此,在车厢和飞船内的观测者若认为牛顿定律仍然成立,他就必须假定有一个与参考系加速度方向相反的力作用在物体上,使物体向参考系加速的相反方向运动,或与外界的作用力抵消,这个假想的力就叫做惯性力.对于图 1.1.2 所示的情况,惯性力易见为 $f_{惯} = -ma$;而对于图 1.1.3 所示的情况,惯性力与物体所受的重力抵消,处于"失重"状态,物体与飞船一起绕地球做圆周运动所需的向心力——重力被此惯性力抵消平衡了，因此又称为惯性离心力，即 $f_{惯} = -mg$．必须指出，惯性离心力是沿用牛顿定律而假想作用在物体上的"力"，它与物体所受向心力（重力）的反作用力不是一回事，物体所受向心力（重力）的反作用力是作用在地球上的．

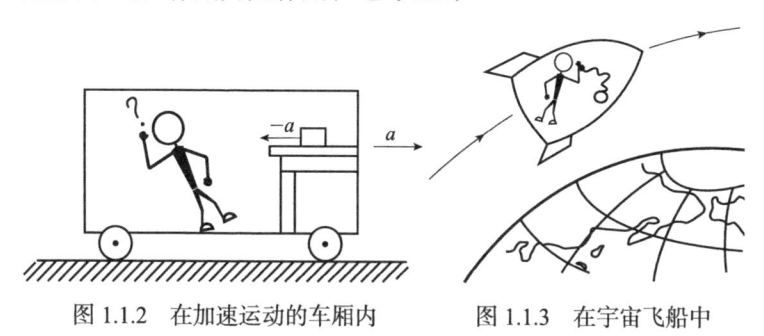

图 1.1.2　在加速运动的车厢内　　图 1.1.3　在宇宙飞船中

必须指出，以上讨论都是仅仅限于经典力学的范畴，在本书后面将要重点讨论的广义相对论中，对惯性参考系、非惯性参考系和惯性力的问题将有全新的更深刻的介绍．

二、绝对时空假设和伽利略变换

在经典力学的理论体系中，牛顿预设了一个所谓"绝对时间"和"绝对空间"，相对于这个绝对空间的运动就是"绝对运动"，相对于绝对空间静止或匀速直线运动的参考系自然就是惯性参考系．然而，近代物理已经证明，根本就不存在与其他事物完全没有关联而"均匀流逝的绝对时间"，也不存在与物质无关系而"本身空无一物的绝对空间"，因此所谓"绝对时间"和"绝对空间"及由此定义的惯性参考系必须抛弃．

为了寻找不同参考系之间物理定律的变换关系,物理学家们往往通过寻找参考系之间的不变量与可变量的坐标变换关系着手.虽然绝对时空假设是不对的,但是为了以后讨论相对论力学和经典力学的区别,我们仍然先从绝对时空假设出发,导出经典力学在参考系之间的变换关系,以便和相对论力学在参考系之间的变换关系作比较.许多读物都引述了伽利略1632年出版的《关于托勒密和哥白尼两大世界体系的对话》一书中的内容,书中有一个叫做萨尔维阿蒂的人,对静止或匀速运动的大船中发生的现象做了生动的描述,说明在任何一个惯性参考系中都不可能通过任何力学实验来确定这个参考系是处于静止或匀速运动的状态.其实,在伽利略之前,我国东汉时代的古书《尚书纬·考灵曜》中已有类似的记叙:"地恒动不止,而人不知,譬如人在大舟中,闭牖而坐,舟行不觉也."

牛顿力学规律具有伽利略变换下的不变性,即在不同惯性系的坐标之间做伽利略变换,都具有相同的形式.由此可以推得,所有惯性系都具有相同的力学规律,换句话说,力学定律在所有惯性参考系中都是等价的,都具有相同的形式.这就是经典的力学相对性原理,或称伽利略相对性原理.在牛顿的时空观中,时间和空间被认为是绝对的,力的作用被认为是瞬时的、超距的.在牛顿的引力论中是没有引力波的.绝对时间和绝对空间加上伽利略相对性原理就构成了经典时空观,其数学框架是在经典相对性原理上建立的伽利略变换.

伽利略坐标变换

为描述方便,我们用固连在参考系上的笛卡儿直角坐标系来代表参考系.

设参考系 S 的坐标为 (O, x, y, z),在其中经历的时间为 t;另一个相对运动的参考系 S' 的坐标为 (O', x', y', z'),在其中经历的时间为 t'. 为简单起见,假定开始时($t=t'=0$)两坐标系原点重合,坐标轴彼此平行,且 Ox、Ox' 重合,S' 相对 S 以速度 u 沿 x 轴方向运动(图1.1.4).

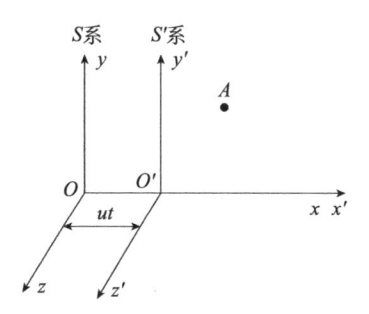

图 1.1.4 S' 系相对 S 系以速度 u 沿 Ox 轴运动

由图易见,图中 A 点对两个参考系的坐标系及经历的时间分别为 $(x, y, z; t)$ 和 $(x', y', z'; t')$. 由于时间和空间都是"绝对"的,即时间和空间都不随参考系改变而发生变化,因此式(1.1.2)即为伽利略坐标变换公式.

$$\begin{cases} x' = x - ut \\ y' = y \\ z' = z \\ t' = t \end{cases} \text{或} \begin{cases} x = x' + ut \\ y = y' \\ z = z' \\ t = t' \end{cases} \quad (1.1.2)$$

伽利略速度合成定理

若图 1.1.4 中 A 点的运动速度为 v,则按速度的定义,速度的 x 分量为

$$v_x = \lim_{\Delta t \to 0} \frac{\Delta x}{\Delta t} = \frac{dx}{dt}$$

由伽利略变换公式,速度的各分量的变换关系有

$$\begin{cases} v'_x = v_x - u \\ v'_y = v_y \\ v'_z = v_z \end{cases} \quad 或 \quad \begin{cases} v_x = v'_x + u \\ v_y = v'_y \\ v_z = v'_z \end{cases} \quad (1.1.3)$$

写成一般的矢量形式则为

$$\boldsymbol{v}' = \boldsymbol{v} - \boldsymbol{u} \quad 或 \quad \boldsymbol{v} = \boldsymbol{v}' + \boldsymbol{u} \quad (1.1.4)$$

上式即为伽利略速度合成定理.

经典力学定律在伽利略变换下保持不变性

经典力学的基础是牛顿运动定律,若证明牛顿运动定律在伽利略变换下保持不变性,则相当于证明经典力学定律在伽利略变换下保持不变.

若 S 系为惯性参考系,牛顿运动定律成立且具有式(1.1.1)所示的数学形式.对于以速度 u 相对 S' 系运动的参考系,有

$$a = \frac{dv}{dt} = \frac{dv'}{dt} + \frac{du}{dt} = a' + \frac{du}{dt}$$

其中,$\frac{du}{dt}$ 为 S' 系相对于 S 系的加速度.以式(1.1.1)的 a 代入,得

第1章 牛顿经典理论怎么了？

$$a = \frac{F}{m} = a' + \frac{du}{dt} \qquad (1.1.5)$$

或

$$F = ma = ma' + ma'' = F' + ma'', \quad F' = ma', \quad a'' = \frac{du}{dt} \qquad (1.1.6)$$

若 S' 系相对于 S 系做匀速运动，则 u 是常量，$a'' = \dfrac{du}{dt} = 0$。

由式（1.1.6）易见，$F = ma = ma' = F'$，即牛顿运动定律的形式保持不变，这就证明了经典力学定律在伽利略变换下保持不变．必须注意，伽利略变换下加速度是不变量．

选读

牛顿第二定律的微分形式

瞬时加速度可以写成

$$a = \lim_{\Delta t \to 0} \frac{\Delta v}{\Delta t} = \frac{dv}{dt}$$

当 m 不随时间 t 变化时，式（1.1.1）可以写成

$$F = ma = m \lim_{\Delta t \to 0} \frac{\Delta v}{\Delta t} = \lim_{\Delta t \to 0} \frac{\Delta mv}{\Delta t} = \frac{d(mv)}{dt} = \frac{dp}{dt}$$

其中，$p = mv$ 为物体（质点）的动量．

$$F = \frac{d(mv)}{dt} = \frac{dp}{dt} \qquad (1.1.7)$$

上式即为牛顿第二定律的微分形式，在质量不变时它与式（1.1.1）完全等效．实践证明，后者比前者更为普遍适用，它不仅在以后的狭义相对论中适用，而且在经典力学中火箭发射的变质量过程中也适用．

1.2 牛顿经典力学的困境

正当牛顿力学取得伟大的成就（除日常生活和各种工、农业应用外，理论预言太阳系内海王星和天王星的存在并被证实）时，科学上竟然出现许多违反牛顿经典力学的事例，特别是在19世纪中期以麦克斯韦为代表的物理学家建立起来的电磁学理论不遵守伽利略不变性，使人们感到十分困惑．下面仅举几个例子来说明爱因斯坦所指出的"旧理论中的严重和深刻的矛盾已经无法避免了"．

一、蟹状星云的起源和观测带来的困惑[①]

1731年，英国一位天文学爱好者用望远镜在南方夜空的金牛座上发现了一团云雾状的东西，外形像螃蟹，人们称它为"蟹状星云"（图1.2.1）．后来的观测表明，这只"螃蟹"在膨胀，膨胀的速率为每年0.21″立体角．到1920年，它的半径达到180″立体角．推算起来，其膨胀开始的时刻应在约860(≈180″/0.21″)年之前，即公元1060年左右．人们相信，蟹

图1.2.1 蟹状星云

图1.2.1 彩图

[①] 本小节主要内容引自"赵凯华，罗蔚茵．新概念物理教程——力学．北京：高等教育出版社，1995：第八章"．

状星云是距今 900 多年前一次超新星爆发中抛出来的气体壳层．这一点在我国的史籍里得到了证实．

《宋会要》是这样记载的（图 1.2.2）："嘉祐元年三月，司天监言，客星没，客去之兆也．初，至和元年五月，晨出东方，守天关．昼见如太白，芒角四出，色赤白，凡见二十三日．"这段话的大意如下：负责观测天象的官员（司天监）说，超新星（客星）最初出现于公元 1054 年（北宋至和元年），位置在金牛座 ζ 星（天关）附近，白昼看起来赛过金星（太白），历时 23 天．往后慢慢暗下来，直到 1056 年（嘉祐元年），这位"客人"湮没．当一颗恒星发生超新星爆发时，它的外围物质向四面八方飞散．也就是说，有些抛射物向着我们运动（如图 1.2.3 中的 A 点），有些抛射物则沿横方向运动（如图 1.2.3 中的 B 点）．

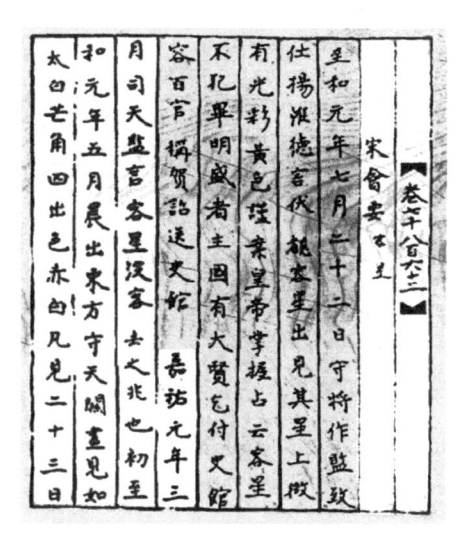

图 1.2.2 《宋会要》中关于"客星"的记载

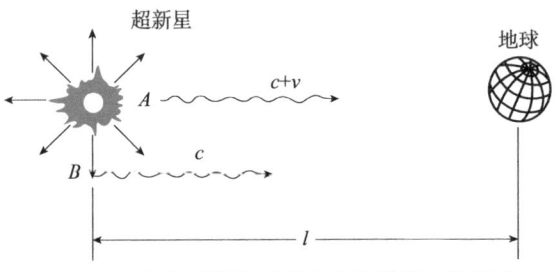

图 1.2.3　超新星爆发过程中光传播引起的疑问

现在问题来了，超新星爆发过程中的光传播引起一个很大的疑问．如果光线服从经典速度合成律的话，按照类似前面对物体运动的分析即可知道，A 点和 B 点向我们发出的光线传播速度分别为 $c+v$ 和 c，它们到达地球所需的时间分别为 $t' = l/(c+v)$ 和 $t = l/c$．蟹状星云到地球的距离 l 大约是 6500 光年，而爆发中抛射物的速度 v 大约是 1500 km/s，用这些数据来计算，t' 比 t 短 30 多年．亦即，我们至少会在 30 年内持续地看到超新星开始爆发时所发出的强光．而史书明明记载着，客星从出现到隐没还不到两年，这怎么解释？经典理论伽利略变换的速度合成律遇到不可克服的困难．

二、高速运动中伽利略变换失效了！

$F = ma$ 总是成立吗？前面曾经指出，牛顿第二定律满足伽利略变换不变性的要求，它是在物体的低速（与光速相比较）运动时而言的．光速的数值约为 3×10^5 km/s，比日常生活所接触到的运动速度不知要大多少倍．例如，目前最快的超音速飞机，其速度大约为 1 km/s，宇宙飞船的速度量级也只有 10 km/s 左右．在低速范围内，被实践证明的动力学定律 $F=ma$ 是普遍成立的，也满足伽利略变换不变性的要求．在此情况下物体的质量 m 为一恒量，因此在恒力下，它的加速度也是一个恒量．

由此可见，尽管这个加速度可能很小，但只要加速的时间足够长，速度仍然可以达到很大的数值，这样超过真空中光速的运动是完全有可能的．很明显，牛顿第二定律的 $F=ma$ 形式总是成立吗？这个问题应当在物体高速运动的情况下经受实践的进一步检验．

质量与速度有关

从上面的讨论可以看到，我们之所以会推论出物体在恒力作用下可以无限地匀加速下去，原因之一无疑是按照经典力学质量与速度无关的观点，如果物体在高速运动时，质量随着速度的增加而迅速增加，也就是说，速度越大则越难加速，那么就有可能存在运动速度的光速极限．事实上，现代微观带电粒子（如电子、质子等）的加速实验已完全肯定了这一点．例如，我们来研究直线加速器中质子被恒定电场加速的过程，按照经典力学的牛顿第二定律，假定质子的质量在运动时不变，加速所需的电场强度 E 由下式决定：

$$ma = F = eE$$

式中，e 为质子的电荷．

按照经典力学的公式，为了使质子得到一个恒定的加速度 $a \approx 10^{18}$ cm/s^2（直线加速器中重粒子加速度的数量级），必

须使电场强度为 $E = 1.04 \times 10^6$ V/cm. 实验结果显示,随着速度增大,要保持同样的加速度,E 必须更快增加,如表 1.2.1 所示.

表 1.2.1 质子的运动速度与电场强度

质子的运动速度 / (cm/s)	电场强度 / (V/cm)	质子的运动速度 / (cm/s)	电场强度 / (V/cm)
10^8	1.04×10^6	2.5×10^{10}	6.14×10^6
10^9	1.04×10^6	2.75×10^{10}	16.2×10^6
10^{10}	1.24×10^6	2.9×10^{10}	41.1×10^6
2×10^{10}	2.5×10^6	2.95×10^{10}	174×10^6

上述结果表明,质子的惯性(即质量 m)随着速度的增大而迅速增大,趋向无穷大. 质量和速度的实验曲线如图 1.2.4 所示,图中列出早年的实验数据.

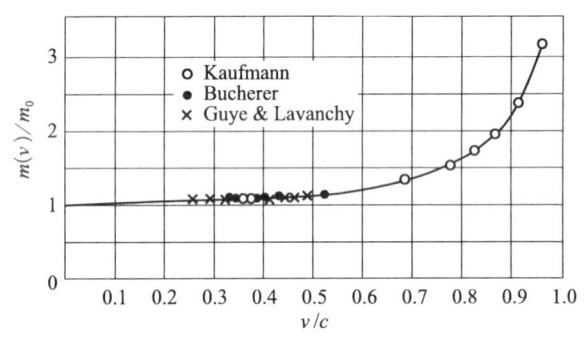

图 1.2.4 质量和速度关系实验曲线

从上述实验可见,牛顿运动定律 $F = ma$ 在物体高速运动的情况下是不成立的,作为经典力学的基础——伽利略变换显然也是不对的. 例如,对在惯性参考系 S 中做低速运动的物体来说,无疑 $F = ma$ 是对的;但相对于 S 系中做高速运动的惯

性参考系 S' 来说，此时物体做高速运动，m 不再是一个常量，因而牛顿运动定律不再保持原来的形式，牛顿经典力学在高速运动下不满足伽利略变换的不变性，经典的伽利略相对性原理也遇到困境.

三、存在"以太"惯性参考系吗？

1864 年，麦克斯韦（J. C. Maxwell）总结前人的研究成果，特别是法拉第的电磁场概念，得到了电磁现象和电磁运动的普遍规律——著名的麦克斯韦方程组，并推导和预言了电磁波的存在，且证明其波速与光的传播速度一致. 麦克斯韦方程组不遵守伽利略不变性，这使得人们当时很困惑. 众所周知，机械波的传播需要介质，人们假定电磁波的传播也需要一种介质，于是便设想空间中存在一种叫做"以太"的介质，它是电磁波的载体，像声波在空气中传播那样传播电磁波. 正当人们质疑绝对空间存在的合理性，为寻找牛顿运动定律适用的惯性参考系烦恼时，很自然就把想象中的以太作为空无一物的绝对空间的替代物. 这样，以太就是一个理想的惯性参考系. 大家都知道地球是在不断运动的，如果地球相对于以太做相对运动，那么根据伽利略变换，光速在沿着地球运动的方向和垂直于这个方向会不相同. 于是应时而生了许多实验，试图去探索地球相对于"以太"的运动，迈克耳孙–莫雷实验就是其中一个有代表性的实验. 除了迈克耳孙–莫雷实验之外，人们还设计了许许多多巧妙的实验去探测"以太风"，这里就不一一列举了. 当时，大多数的物理学家都深信"以太"的存在，他们不会轻易地放弃寻找"以太"，但是，实验事实却铁一般地摆在面前：不论是设计得多么巧妙的实验，都像它们的突出代表迈克耳孙-莫雷实验那样，得到了"负"的结果（参见本节【选读】）. 这就一次次地向以太假说提出挑战："以太"真的存在吗？答案是"以太"不存在，或者从本质上说，一个绝对的参考系——绝对空间实际上不存在. 根据以上所介绍的观测实验和讨论，以及许多这里没有提及的一系列观测和实验结果，都说明经典物理学"旧理论中的严重和深刻的矛盾已经无法避免了".

当别人忙着在经典物理的框架内用形形色色的理论来修补旧理论时，一个不见经传的专利局年轻小职员爱因斯坦（A. Einstein）另辟蹊径，提出光速不变原理和狭义相对性原理两个革命性的假设，解决了牛顿经典力学的困境，建立了人们曾经认为很奇特的狭义相对论.

选读

迈克耳孙-莫雷实验

要寻找"以太"惯性参考系，首先的问题是如何确定某个参考系相对以太的速度. 大家知道，地球一方面自转，同时又绕太阳公转，即总是相对于静止的以太（绝对时空的替代物）运动，于是应该出现迎面的"以太风"，就像汽车在静止的空气中前进时受到迎面吹过来的风那样. 因此，测定了风速，就相当于测出了汽车相对于静止空气的速度. 1881年，迈克耳孙用自己所发明的一种空前灵敏的仪器——迈克耳孙干涉仪，试图测量地球相对于以太的运动.

在迈克耳孙的实验中，固定在实验室中的测量装置仿佛是"运动参考系"，"风速"类似于漂移着的"以太风"，在以太（静系）中传播的光波相当于"飞机". 于是，相互垂直的两束光往返同样距离所需的时间差异，就是"以太漂移"的表现. 具体的实验装置如图1.2.5（a）所示：用一面半镀银的半透镜G_1形成两束相互垂直的光束，其中一束沿垂直于以太风的路径射向镜子M_1，另一束则沿平行于以太风方向的路径射向镜子M_2，再经反射镜、半透镜后使两束光会聚到同一观察屏（目镜或其他接收器）上并产生干涉现象. 图中G_2的作用是保证两束光通过同样厚度的空气和玻璃.

大家知道，如果两束光的光程一样，或者相差波长的整数倍，它们在到达观察屏时就有相同的相位，干涉的结果是形成最亮的明亮视场；如果光程差不是波长的整数倍，则这两束光在屏上有不同的相位，干涉的结果是强度发生变化. 在实际的实验中，镜M_1和M_2不是完全垂直的，结果在光束中相邻光线的光程差稍有不同，以致在观察屏上出现明暗相间的干涉条纹，如图1.2.5（b）所示. 如果仪器中随便哪一束光的光程相对于另一束光的光程发生变化，则整个光束产生相同的相位变化，于是在两束光叠加的范围内干涉条纹产生变化，在观察屏上显示出干涉条纹整体的移动．

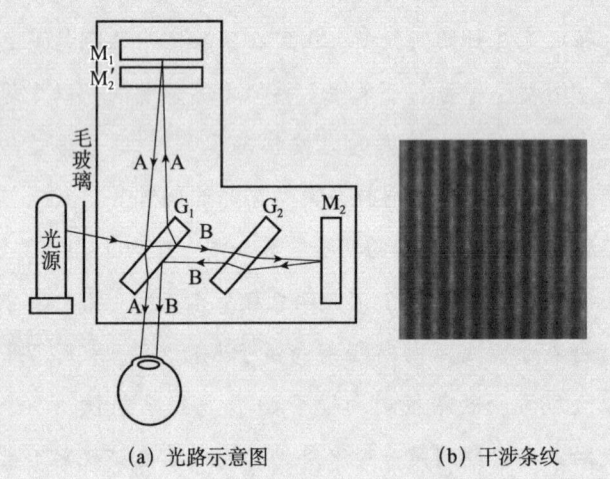

(a) 光路示意图　　　　(b) 干涉条纹

图 1.2.5　迈克耳孙干涉仪的结构（a）和干涉条纹（b）示意图

如果图 1.2.5 中的路径 A 和 B 取同样长度（实际上正是这样做的），那么两束光的光程是不是一样呢？如果假定光在以太中传播，就显然不是的，两束光应以不同时间走完它们的路程．正如两艘船对于河水走过不同的路程一样，两束光在以太中所走过的路程也是不一样的，即它们应有一定的光程差．这个光程差确定了一组条纹的位置．现在如果将整个仪器装置转过 90°，则路径 A 和 B 相对于假设的以太来说，地位互相交换，相应地，二者的光程差也交替变化，结果屏上的干涉条纹会在仪器转过 90° 时发生移动．实际计算表明，如果"以太风"的速度是地球公转速率的数量级的话（考虑到太阳也可能相对于以太运动，它或许会更大一点），由此引起的干涉条纹移动应该是完全能够观察到的．

迈克耳孙-莫雷实验的结果却使当时的每一个人都感到惊奇，因为在实验误差范围内竟然完全没有发现条纹移动！这个实验后来由不同的人在不同的季节和不同的地点多次重复过，结果总是一样：没有检测到"以太风"的存在．在 1902 年到 1903 年间，特鲁顿（F. T. Trouton）和诺伯（H. R. Noble）提出一个利用电磁现象测量地球相对于以太的绝对速度的实验[①]，以检验地球是否与"以太"参考系有相对运动，获得的也是零结果．

迈克耳孙-莫雷实验的"负"结果含有两重意义：第一，通过实验证明"以太风"不存在，说明即使真的存在以太，也不可能测出相对于它的速度，即以太不可能作为一个参考系，更不用说"绝对参考系"了；第二，实验结果表示这样的事实，真空中的光速在任何惯性参考系中测量都是一样的，与观测者的运动无关．

---

① 刘辽，费保俊，张允中．狭义相对论．2 版．北京：科学出版社，2008．

第 2 章

狭义相对论很奇异吗?

提起"相对论",人们会觉得它的结论过于奇异,很难接受,因为它和我们的日常经验和理念相去甚远.实际上,人们对事物的观察从不同的角度会有不同的感觉,据说爱因斯坦曾开玩笑地说过:你和一个漂亮的姑娘在公园里长椅上坐1个小时,觉得只过了1分钟,你紧挨着一个火炉坐1分钟却觉得过了1个小时,这就是相对论.在苏轼的《题西林壁》一诗中也有"横看成岭侧成峰,远近高低各不同"的佳句.先秦的庄子也说过"万物之间的差别都是相对的".以上只是我们日常经验的感受,而从科学意义上对相对论研究的是参考系之间的相对关系和变换关系,不是某个人的主观感受,也不是某个观测者与个别人的相对关系,我们应该超越从个别角度认识问题的局限性,因此不存在"公说公有理,婆说婆有理"的问题.

相对论是一个新的理论.我们认为,要建立一个有意义的新理论体系,最少要满足三个条件:①要有创新性和前瞻性,能够解释旧理论无法解释的实验或现象,甚至能够预言未来的发现；②在极限情况下（如在相对论中，当速度 $v \ll c$ 时的极限情况），新理论的结论必须和旧理论中已经被实践证明了的结果一致；③新理论本身要自洽，符合逻辑，不能自相矛盾．下面我们可以看到，相对论的确是符合上面三个要求以及大量实验观测的一个新理论，而不是什么奇谈怪论．正如爱因斯坦在《关于相对论》一文中所说[①]："回到相对论的本身上来，我急于邀请大家注意到这样的事实，这理论并不是起源于思辨，它的创造完全由于想要使物理理论尽可能适应于观察到的事实．"

相对论是讨论物体在高速运动状态下的运动规律．相对论所指的高速，是和光速 $c = 3 \times 10^5 \mathrm{km/s} = 3 \times 10^8 \mathrm{m/s}$（每秒3亿米）比较而言的．我们日常所接触到的速度和光速相比，实际上是太慢了．以长途大型客机（如波音747或空客A380）为例，它的巡航速度约为 $v = 900 \mathrm{km/h} = 2.5 \times 10^2 \mathrm{m/s}$（每秒250 m），两者之比 $v/c \approx 1 \times 10^{-6}$，即长途大型客机的巡航速度仅为光速的 10^{-6}（百万分之一）！相对论的结论是在其中的尺缩率或钟慢率与运动速率比的平方成正比，即大型客机中尺缩率或钟慢率约为 0.5×10^{-12}．若某人始终待在以此速度巡航的飞机上10年，即约 $3 \times 10^8 \mathrm{s}$（3亿秒），则他所携带的钟（或生物钟）总共才变慢了 $1.5 \times 10^{-4} \mathrm{s}$（万分之1.5 s）！这在实际生活中是没有意义的．但在科学实验上就不同了，目前用于精确测量时间的铯原子钟精度可达 $1 \times 10^{-12} \mathrm{s}$（亿万分之一秒）．

---

① 爱因斯坦．爱因斯坦文集．第一卷．许良英，李宝恒，赵中立，等编译．北京：商务印书馆，1976：164.

20世纪70年代就有人把两台这种钟分别放在地面上和超音速（大于 1.2×10^3 km/h）的飞机上,待该飞机高速绕地球飞行一周回来两钟重逢时对钟,结果证明相对论的预言是正确的.

2.1 相对论的时空效应

一、光速不变原理

在19世纪中期以麦克斯韦为代表的物理学家建立起来的电磁学理论不遵守伽利略不变性,寻求以太的种种实验又否定了以太的存在,特别是迈克耳孙-莫雷实验,发现不存在地球相对于以太的运动速度,光速在各个方向上都是相同的,这使得当时的科学家们很困惑.正当人们忙于在经典理论的框架内寻找解决方案时,年仅26岁的德国青年物理学家爱因斯坦从光速在各个方向上都是相同的这一事实出发,发表了论文《论动体的电动力学》,根据观测和实验结果提出了狭义相对论.这篇写于1905年6月、发表于9月的《论动体的电动力学》是相对论的第一篇文章,也是物理科学中具有划时代意义的历史文献.论文中提出[①]:"下面的考虑是以相对性原理和光速不变原理为依据的,这两条原理我们定义如下:

（1）物理体系的状态据以变化的定律,同描述这些状态

---

① 爱因斯坦.爱因斯坦文集.第二卷.范岱年,赵中立,许良英,编译.北京:商务印书馆,1977:87.

变化时所参照的坐标系究竟是用两个在互相匀速移动着的坐标系中的哪一个并无关系.

（2）任何光线在"静止的"坐标系中都是以确定的速度 v 运动着，不管这道光线是由静止的还是运动的物体发射出来的."

由这两条原理可以推得，在不同惯性系之间的变换是洛伦兹（Lorentz）变换，而不是伽利略变换.狭义相对论颠覆了人们过去对时空的认识，预言了一些新奇的物理结论和现象，包括同时的相对性、时间膨胀、长度收缩、质量和速度关系、质量和能量关系、多普勒效应等.在低速近似下，狭义相对论力学可以回到牛顿力学，洛伦兹变换可以回到伽利略变换.正如前面我们引用过爱因斯坦的真知灼见："新理论的力量在于，仅用几个非常令人信服的假定一致而简单地解决了所有这些困难……旧力学只对低的速度成立，从而成为新力学的极限情形."

众所周知，机械波的传播需要介质，人们假定电磁波的传播也需要一种介质，这种介质被称为以太.如果地球相对于以太运动，那么根据伽利略变换，光速在沿着地球运动的方向和垂直于这个方向会不相同.1887年，两位实验物理学家迈克耳孙和莫雷设计了一个巧妙的光波干涉实验，希望测出地球相对于以太的运动速度，但是实验结果却发现不存在这个相对速度，光速在各个方向上都是相同的，因此否定了以太的存在.基于迈克耳孙–莫雷实验和其他许多实验及观测的事实，爱因斯坦大胆而明智地提出了光速不变原理：真空中的光速对所有的惯性参考系都一样，光速是参考系变换的不变量．光速不变原理颠覆了我们平常对时间和空间的概念的认识，下面将会一一介绍．

二、同时的相对性

我们通常所说的"时间"有两方面的含义：一方面是指事件过程中某一点，即"时刻"；另一方面是事件过程经历的长短，亦即"时间间隔"，简称"时间"．

平常说钟表的"快、慢"，也有两方面的含义：设想某人有 A、B 两个钟，早上 A 钟指 7 点，B 钟指 8 点，通常就会说 B 钟比 A 钟"快" 1 个小时；第二天早上 A 钟仍指 7 点，而 B 钟却指 7 点半，表面上似乎还是 B 钟"快"．果真是这样吗？事实上，一整天 A 走了 24 小时，而 B 钟却只走了 23.5 小时，显然是 B 钟比 A 钟慢呀！这里其实是概念弄混了．严格一点应该说，B 钟的"时刻超前"，而"走时率"比 A 钟慢．可见两钟的比较有"时刻超前、滞后"和"走时率快、慢"两种含义．为避免误解，今后本书中说的对钟，指的是两钟"时刻超前或滞后"，而说时钟的快慢，指的是"走时率快、慢"．

相对论的一个重要推论是"同时"的相对性，即在一个参考系中不同地点同时发生的两个事件，在另一个相对运动的参考系中就会观测到不是同时发生的．譬如说你在广州早上 7 点整醒来，此刻北京钟也是指在 7 点整吗？你怎样确定这两个异地事件（广州钟 7 点整和北京钟 7 点整）是同时发生的？你也许毫不犹豫地回答,这还不简单,把两地的钟对准了不就成了.例如,可以打开中央人民广播电台《整点报时》节目,待"嘟、嘟……嘀"最后一响对准广州的钟 7 点整.这在日常生活中没有问题,但在相对论里就不行了,因为从北京发报时刻至广州接收到信号期间,电磁波已传播了 2×10^3 km 的距离,需耗时 7×10^{-3} s,即广州钟比北京钟滞后约 7×10^{-3} s(千分之七秒).由此可见,当我们把广州钟 7 点整和北京钟 7 点整这两个异地事件调校到"同时"发生,在另一高速运动参考系中观测,这两个事件就不再是同时发生的了.于是就出现了如何把异地的两个时钟对齐的问题.

爱因斯坦根据自己所提出的光速不变原理,提出一个异地对钟的准则.假定我们要对 A、B 两地的钟,则在 A、B 连线的中点 C 处设一个光信号接收(或发射)站.当 C 点同时接收到从 A、B 发来的对时光信号时,我们就断定 A、B 两钟对准了.当然也可以由 C 向 A、B 两地发射对钟的光信号,A、B 收到此信号的时刻被认定是"同时"的.

以上的"同时性"判断准则适用于一切惯性系,于是就产生了这样的问题:同一对事件,在某个惯性参考系里看是同时的,在其他惯性参考系里看是否也同时?"常识"和经典理论认为这是毋庸置疑的.但有了爱因斯坦的光速不变原理,这个结论在高速运动的情况下将不成立.为了说明这一点,爱因斯坦提出了一个理想实验.设想有一列火车相对于站台以接近光速的速度 v 向右匀速运动,如图 2.1.1 所示.

(a) 站台上 A、B 处同时发出信号

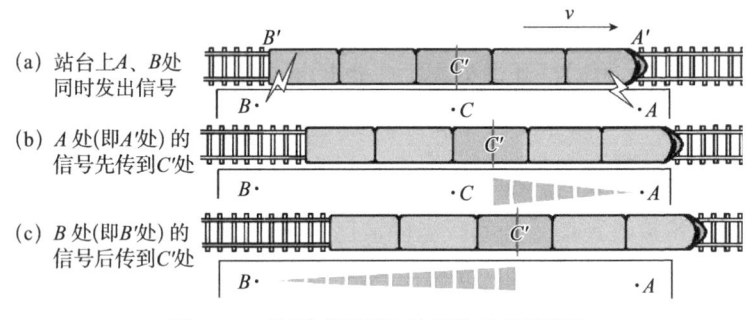

(b) A 处 (即 A'处) 的信号先传到 C'处

(c) B 处 (即 B'处) 的信号后传到 C'处

图 2.1.1　论证"同时"相对性的理想实验

当列车的首、尾两点 A'、B' 与站台上的 A、B 两点重合时，站台上同时在这两点发出闪光；所谓"同时"，就是两闪光同时传到站台的中点 C. 但对于列车来说，由于它向右行驶，车上的中点 C' 先接到来自车头 A' 点（即站台上的 A 点）的闪光，后接到来自车尾 B' 点（即站台上的 B 点）的闪光. 于是，对于列车上 C' 点的观察者来说，A 点发出的闪光早于 B 点的，而对于站台上 C 点的观察者来说，则同时接到 A 点发出的闪光和 B 点发出的闪光. 这就是说，对于站台参考系为"同时"的事件，对列车参考系不是同时的（A 先 B 后）！在高速运动的情况下，事件的同时性因参考系的选择而异，这就是同时性的相对性.

我们不妨将上述理想实验拓展一下，进一步假设，在站台上 A、B 两点同时发出闪光的一刹那，另有一列相同的火车以高速度 $-v$ 向左匀速行驶，且其车头 B'' 点和车尾 A'' 点恰好分别与站台上的 B、A 两点重合（图 2.1.2）.

图 2.1.2 谁先开枪?

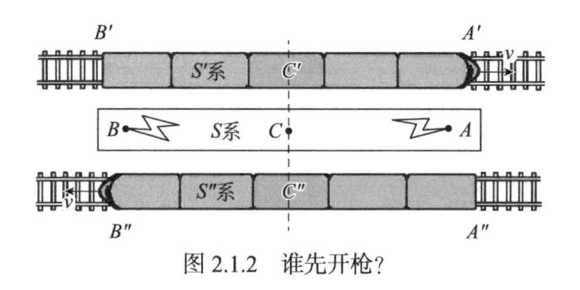

用同样的分析可知，这列车的中点 C'' 先接到来自车头 B'' 点（即站台上的 B 点）的闪光，后接到来自车尾 A'' 点（即站台上的 A 点）的闪光．于是，对于这列车上 C'' 点的观察者来说，A 点发出的闪光迟于 B 点的．如果发自站台上 A、B 两点的闪光不是一般的光信号，而是两个人相对开枪射击发出的火光，在谁先开枪的问题上，C' 点和 C'' 点的目击者在法庭上将提供相反的证词．这不成了"公说公有理，婆说婆有理"，没有统一的是非标准了吗？其实问题没有那么严重，因为向右运动参考系中 C' 点的目击者也观测到 A、B 两点的人都向左运动，因而 B 点的人是对着子弹射来的方向往后退，A 点的人是向着子弹射来的方向前冲．虽然 A 点的人开枪在先，但射到 B 点的距离远了，而 B 点的人虽然开枪在后，但射到 A 点的距离缩短了，结果两人还是同时中弹．同样，在列车向左运动参考系中 C'' 点的目击者也会得到 A、B 两点的人同时中弹的结论．总之，无论哪个参考系中的目击者都不会得出 A、B 两点中的某人在对方开枪之前就先中弹倒地的结论．亦即，事件之间的因果关系不会混淆（关于因果关系的问题，我们在后面讨论"类时"和"类空"区域时还会详细讨论）．可见，爱因斯坦的相对性理论是自洽的!

31

三、时间的相对性——时间膨胀

前面我们只对时空相对性作了定性的讨论,下面推导一些定量化的公式.

考虑一个理想实验(图2.1.3).假定列车(S'系)以匀速 u 相对于路基行驶,车厢里一边装有光源,紧挨着它有一标准钟.正对面放置一面反射镜 M,可使横向发射的光脉冲原路返回(图2.1.3(a)).设车厢的宽度为 b,则在光脉冲来回往返过程中,车上的钟走过的时间为

$$\Delta t' = \frac{2b}{c}$$

从路基(S系)的观点看,由于列车在行进,光线走的是锯齿形路径(图2.1.3(b)),光线"来回"一次的时间为

$$\Delta t = \frac{2l}{c} = \frac{2}{c}\sqrt{b^2 + \left(\frac{u\Delta t}{2}\right)^2}$$

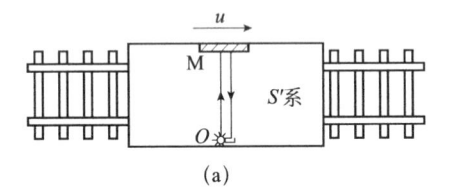

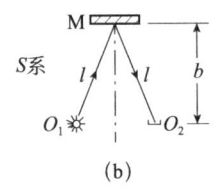

图 2.1.3 说明钟慢效应的理想实验

注意，这里用到了在两参考系中车厢的宽度 b 是一样的条件．由上两式消去 b，得 Δt 和 $\Delta t'$ 之间的关系为

$$\Delta t = \frac{\Delta t'}{\sqrt{1-\frac{u^2}{c^2}}} = \frac{\Delta t'}{\sqrt{1-\beta^2}} = \gamma \Delta t' \quad (2.1.1)$$

式中

$$\beta = \frac{u}{c}, \quad \gamma = \frac{1}{\sqrt{1-\beta^2}} \quad (2.1.2)$$

故 $\Delta t > \Delta t'$．这就是说，在一个惯性系（如上述 S 系）中，运动的钟（如上述列车里的钟）比静止的钟走得慢．这种效应叫做爱因斯坦时间延缓，或时间膨胀，或钟慢效应．

必须指出，这里所说的"钟"应该是标准钟，把它们放在一起应该走得一样快．不是钟出了毛病，而是运动参考系中的时间节奏变缓了，在其中一切物理、化学过程，乃至观察者自己的生命节奏都变缓了．因而在运动参考系里的人认为一切正常，并不感到自己周围发生的一切变得沉闷呆滞．

还必须指出，运动是相对的．在地面上的人观测高速宇宙飞船里的钟慢了，而宇宙飞船里的宇航员观测地面站里的钟也比自己的慢．今后我们把相对于物体（或观察者）静止的钟所显示的时间间隔 $\Delta \tau$ 叫做该物体的固有时．式（2.1.1）中的 $\Delta t'$ 就是列车里乘客的固有时 $\Delta \tau$，故

$$\Delta t = \gamma \Delta \tau \quad (2.1.3)$$

在日常生活中时间延缓是完全可以忽略的，但在运动速度接近于光速时，钟慢效应就变得重要了．在高能物理的领域

里，此效应被大量实验证实.

μ子的"运动寿命"

一种叫做μ子的粒子，是一种不稳定的粒子，在静止参考系中观察，它们平均经过 2×10^{-6} s（其固有寿命）就衰变为电子和中微子. 宇宙线在大气上层产生的μ子速度极大，可达 $u=2.994\times10^8$ m/s $=0.998c$. 如果没有钟慢效应，它们从产生到衰变的一段时间里平均走过的距离只有 $(2.994\times10^8$ m/s$)\times(2\times10^{-6}$ s$)\approx 600$ m，这样，μ子就不可能达到地面的实验室. 但实际上μ子可穿透大气9000多米，在我们地面的实验室观察到，这不是非常奇怪吗？但若我们掌握了相对论，可以用钟慢效应来解释.

以地面为参考系，μ子的"运动寿命"为

$$\Delta t = \frac{固有寿命\,\tau}{\sqrt{1-\dfrac{u^2}{c^2}}} = \frac{2\times10^{-6}\text{ s}}{\sqrt{1-0.998^2}} = 3.16\times10^{-5}\text{ s}$$

按此计算，μ子在"运动寿命"这段时间通过的距离为

$$(2.994\times10^8\text{ m/s})\times(3.16\times10^{-5}\text{ s})\approx 9.5\text{ km}$$

这就与实验观测结果基本上一致了. 这个奇怪的μ子见证了相对论的正确.

四、长度的相对性——尺缩效应

上面我们谈的是时间的相对性，除此之外，光速不变原理还会带来空间长度的相对性问题. 那就是说，同一物体的长

度，在不同的参考系内测量，会得到不同的结果．通常，在某个参考系内，一个静止物体的长度可以由一个静止的观测者用尺去量，但要测量一个运动物体的长度就不能用这样的办法了．能让物体停下来测量吗？不行，因为这样量得的是静止物体的长度．能追上去测量吗？也不行，因为这样量出来的是在与物体一起运动的那个参考系中物体的长度，仍旧是该物体静止时的长度．合理的办法是：先"同时"记下运动物体两端的位置，然后去测量它们之间的距离，这就是运动物体的长度．

现在测量一个物体的长度，可以不用尺，而用激光．为了在相对静止的参考系 S' 内测量一直杆的长度，可在直杆的一端加一脉冲激光器和一接收器，另一端设一反射镜，如图 2.1.4（a）所示．精确测得光束往返的时间间隔 $\Delta t'$ 后，即可得知直杆的长度

$$L' = L_0 = c\Delta t'/2 \qquad (2.1.4)$$

怎样找到有相对运动的参考系 S 中测得直杆的长度 L 与它的固有长度 L_0 之间的关系呢？首先要弄清楚什么是不变的，什么是可比的．按照光速不变原理，光速 c 是不变的．另外，根据式（2.1.1），从 S 系观测上述测量过程的时间间隔 Δt 与在 S' 系本身里的时间间隔 $\Delta t'$ 是可比的

$$\Delta t = \Delta t' \Big/ \sqrt{1 - u^2/c^2}$$

式中，u 为直杆在 S 系中的速度．下面我们就来看，此测量过程在 S 系里是怎样表现的，并从中找到 Δt 和 L 的关系．

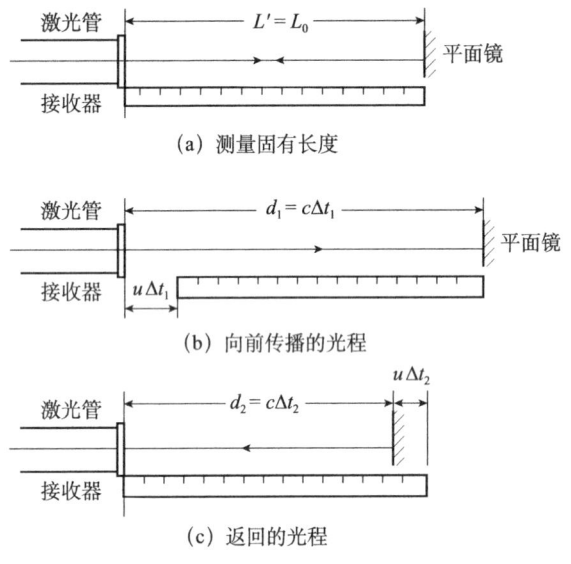

（图示）

（a）测量固有长度

（b）向前传播的光程

（c）返回的光程

图 2.1.4　说明尺缩效应的理想实验

在 S 系中观测，光束往返的路径长度 d_1 和 d_2 是不等的，从而所需的时间 Δt_1 和 Δt_2 也不等．设直杆以速度 u 沿自身长度的方向运动，它在时间间隔 Δt_1 内走过距离 $u\Delta t_1$（图 2.1.4（b）），故

$$d_1 = L + u\Delta t_1, \quad \Delta t_1 = d_1/c$$

由此得

$$\Delta t_1 = L/(c-u)$$

同理（图 2.1.4（c））

$$d_2 = L - u\Delta t_2, \quad \Delta t_2 = d_2/c$$

由此得

$$\Delta t_2 = L/(c+u)$$

因此

$$\Delta t = \Delta t_1 + \Delta t_2 = L\left(\frac{1}{c-u} + \frac{1}{c+u}\right) = \frac{2L}{c(1-u^2/c^2)} \quad (2.1.5)$$

这便是我们要找的 Δt 和 L 的关系式. 与式（2.1.4）比较, 有

$$\Delta t / \Delta t' = L / L_0(1-u^2/c^2)$$

再将式（2.1.1）代入, 得

$$L = L_0\sqrt{1-u^2/c^2} \quad (2.1.6)$$

由于上式中的根式小于 1, 这就是说, 物体沿运动方向的长度比其固有长度短. 这种效应叫做洛伦兹收缩, 或尺缩效应.

μ 子的"运动长度"

在上面所举的 μ 子例子里, μ 子以 $u = 0.998c$ 的速度垂直入射到大气层中, 已知它衰变前通过的大气层厚度为 $L = 9500$ m, 在 μ 子本身的参考系看来, 这层大气有多厚呢？因为对于 μ 子来说, 大气层是以速度 $-u$ 运动的, 按洛伦兹收缩公式（2.1.6）, μ 子运动经过大气层的厚度为

$$L = L_0\sqrt{1-u^2/c^2} = 9500 \times \sqrt{1-(0.998)^2} \text{ m} = 600 \text{ m}$$

μ 子在 2×10^{-6} s（其固有寿命）可以通过 600 m, 与实验观测结果基本上一致. 这正是原先预期的结果. 从 μ 子例子可以看到相对论不但符合实验观测结果, 并且是完全自洽的.

隧道里的列车能免于雷击吗？

下面我们再来讨论一个有趣的例子. 还是设想一列火车,

火车相对于站台以匀速v向右运动,如图2.1.5所示.如前所述,A、B两点只对于站台参考系来说是同时的,假定从A点到B点刚好是一段隧道,在地面参考系中看,隧道与列车等长;然而在列车参考系中看,隧道相对列车运动,所以隧道比列车短了.若有人问:这两个说法同样真实吗?如果当列车刚好完全处在隧道时,在隧道的出口A和入口B处同时打下两个雷,躲在隧道里的列车安然无恙吗?如果说列车能够免于雷击,则"隧道比列车短"的说法,岂非不真实吗?要正确地理解这个问题,即"长度的相对性"问题,关键仍旧是那个"同时的相对性".你说"同时打下两个雷",是对谁同时?此处应该是指对地面参考系"同时".那么,从任何参考系观测,列车都可幸免于雷击.

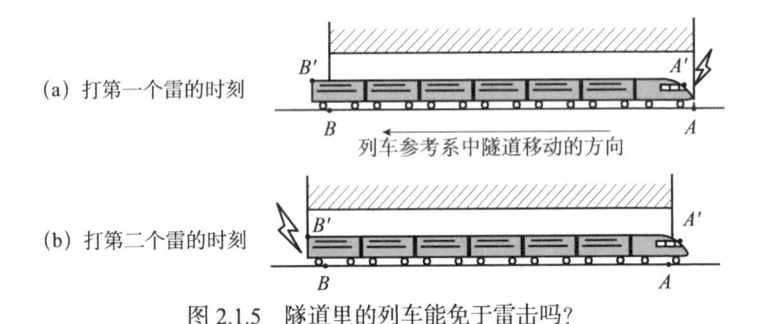

(a)打第一个雷的时刻

列车参考系中隧道移动的方向

(b)打第二个雷的时刻

图 2.1.5 隧道里的列车能免于雷击?

从地面参考系观测固然没有问题,从列车参考系观测:出口A处的雷在先,这时车头尚未出洞,车尾虽拖在洞外,而那里的雷尚未到来(图2.1.5(a));入口B处的雷在后,这时车尾已缩进洞内,车头虽已探出洞外,而那时的雷已打过A处(图2.1.5(b)).结论依然是:列车无恙,能免于雷击.可见，由长度相对性引起表面相互矛盾的说法，只不过是同一客观事物的不同反映和不同描述而已，这表明相对论关于长度的相对性是自洽的.以后我们把与物体相对静止的参考系中测出的长度 $L_0 = \overline{A'B'}$ 叫做物体的固有长度，以区别于它运动时的长度.

垂直于运动方向尺不收缩

应当指出，长度的相对性只发生在平行于运动的方向上，在垂直于运动的方向上没有这个问题.为了说明这一点，参看图 2.1.6 中的例子.为了测量列车的高度 $\overline{A'D'}$，地面观测者可用一竖立的杆.在车厢经过时同时记下 A'、D' 两点在杆上的位置 A、D，$\overline{AD}$ 即为车高.按照以前所述的对钟办法，若从 A、D 两点发出的光信号同时到达其中点 C 的话，它们也会同时到达 A'、D' 的中点 C'.

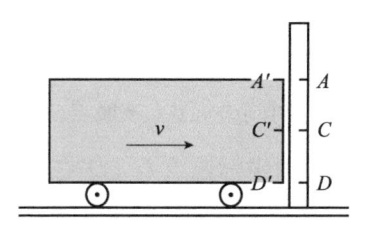

图 2.1.6 垂直于运动方向尺不收缩

亦即，在地面参考系 S 中校准了放在 A、D 两点的钟，在列车参考系 S' 中观测也是同步的，从而车上的观测者认为 A、A' 和 D、D' 是同时对齐的.于是，$\overline{A'D'} = \overline{AD}$，即在两参考系内测量的横向的长度是一样的.

2.2 洛伦兹变换公式

一、从光速不变原理导出洛伦兹变换公式

现在我们来讨论一个事件的时间和空间坐标在不同惯性系之间的变换关系.第1章讲的伽利略变换式就是这类变换关系,不过它只适用于牛顿经典力学,伽利略变换不保证光速的不变性.下面我们要推导的变换关系是以光速不变原理为依据,是相对论的坐标变换关系,通常称为洛伦兹变换公式.

假设有一个惯性参考系 S,在其中取一个空间直角坐标系 $Oxyz$,并在各处安置一系列相对 S 系静止且对 S 系来说是对准了的钟(我们把这些钟称为 S 钟).在参考系 S 中,一个事件用空间坐标 (x, y, z) 和时间坐标 t(即在该地点 S 钟的读数)来描写.类似地,对于另一个惯性参考系 S',也在其中取一个空间直角坐标系 $O'x'y'z'$,并在各处安置一系列对 S' 系静止的且对 S' 系来说是对准了的钟(S' 钟).在参考系 S' 中,一个事件用它的空间坐标 (x', y', z') 和时间坐标 t'(该地点 S' 钟的读数)来描写.

为简明起见,设两坐标原点 O、O' 在 $t = t' = 0$ 时刻重合,且 S' 系以匀速 u 沿彼此重合的 x 轴和 x' 轴正方向运动,而 y 轴和 y' 轴、z 轴和 z' 轴保持平行(图2.2.1).于是 $\overline{OO'} = ut$.

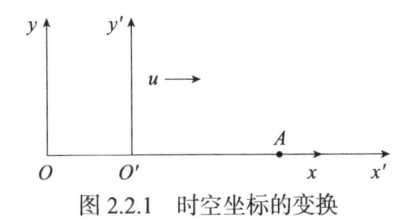

图 2.2.1 时空坐标的变换

设在 x 轴、x' 轴上的 A 点发生一事件，对 S 系来说 A 点的坐标为 $x = \overline{OA} = \overline{OO'} + \overline{O'A}$，注意到

$$\overline{OO'} = ut$$

$$\overline{O'A} = x'\sqrt{1-u^2/c^2}$$

式中的根式是由于 S' 系以速度 u 相对于 S 系运动而出现的尺缩因子，于是有

$$x = ut + x'\sqrt{1-u^2/c^2}$$

从中可将 x' 解出来

$$x' = \frac{x-ut}{\sqrt{1-u^2/c^2}} \qquad (2.2.1)$$

因为 S 系和 S' 系的运动是相对的，若把上式里的 u 换为 $-u$，带撇的量和不带撇的量对调，我们就得到从 S 系到 S' 系的逆变换关系

$$x = \frac{x'+ut'}{\sqrt{1-u^2/c^2}} \qquad (2.2.2)$$

从以上两式消去 x'，得

$$x = \frac{1}{\sqrt{1-u^2/c^2}}\left(\frac{x-ut}{\sqrt{1-u^2/c^2}}+ut'\right)$$

由此解出 t' 为

$$t' = \frac{\sqrt{1-u^2/c^2}}{u}\left(x-\frac{x-ut}{1-u^2/c^2}\right)$$

即

$$t' = \frac{t-ux/c^2}{\sqrt{1-u^2/c^2}} \qquad (2.2.3)$$

如果 A 点不在 x 轴、x' 轴上,则由于垂直方向长度不变,我们有 $y' = y$,$z' = z$. 综上所述,我们得到从 S 系到 S' 系空间、时间坐标的变换关系

$$\begin{cases} x' = \dfrac{x - ut}{\sqrt{1 - u^2/c^2}} = \gamma(x - \beta ct) \\ y' = y \\ z' = z \\ t' = \dfrac{t - ux/c^2}{\sqrt{1 - u^2/c^2}} = \gamma(t - \beta x/c) \end{cases} \quad (2.2.4)$$

其中 $\gamma = \dfrac{1}{\sqrt{1 - u^2/c^2}}$,$\beta = u/c$. 以上便是著名的洛伦兹变换方程. 易见,在 $u \ll c$,x 不大于 ct 的情况下,洛伦兹变换式将过渡到非相对论的伽利略变换式.

把式(2.2.4)中的 u 换为 $-u$,带撇的量和不带撇的量对调,得到从 S 系到 S' 系的逆变换关系

$$\begin{cases} x = \dfrac{x' + ut'}{\sqrt{1 - u^2/c^2}} = \gamma(x' + \beta ct') \\ y = y' \\ z = z' \\ t = \dfrac{t' + ux'/c^2}{\sqrt{1 - u^2/c^2}} = \gamma(t' + \beta x'/c) \end{cases} \quad (2.2.5)$$

对上述洛伦兹变换中四个变量之间的变换,由于我们采取了特殊的 x 轴方向,y、z 两个变量不变,式(2.2.4)和式(2.2.5)简化成 x、t 两个变量之间的变换. 这样,我们就可以用一张平面图将它们表示出来. 为了使量纲一致,我们用 ct 代

替 t 作纵坐标,以 x 为横坐标,作图 2.2.2(a)、(b),分别对应洛伦兹变换式(2.2.4)及其逆变换式(2.2.5).可以看出,变换后的坐标系不再是直角的,但变换中两坐标轴的分角线(在高维空间中为圆锥面,称为光锥) $x = \pm ct$ 或 $x' = \pm ct'$ 不变,这是光速不变原理要求的.

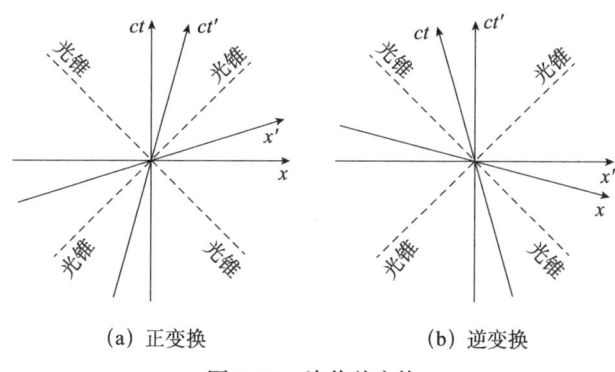

(a) 正变换　　　　　　　(b) 逆变换

图 2.2.2　洛伦兹变换

二、相对论速度的合成定理

现在我们来讨论这样一个问题:如果一个质点在 S 系的速度是 $v = (v_x, v_y, v_z)$,在 S' 系看来它的速度 $v' = (v_x', v_y', v_z')$ 是什么?注意到

$$v_x = \frac{dx}{dt}, \quad v_y = \frac{dy}{dt}, \quad v_z = \frac{dz}{dt}$$

$$v_x' = \frac{dx'}{dt'}, \quad v_y' = \frac{dy'}{dt'}, \quad v_z' = \frac{dz'}{dt'}$$

取洛伦兹变换式(2.2.4)的微分,可得

$$\begin{cases} dx' = \dfrac{dx - udt}{\sqrt{1-u^2/c^2}} = \dfrac{(dx/dt - u)dt}{\sqrt{1-u^2/c^2}} \\ dy' = dy \\ dz' = dz \\ dt' = \dfrac{dt - udx/c^2}{\sqrt{1-u^2/c^2}} = \dfrac{dt\left[1-(u/c^2)(dx/dt)\right]}{\sqrt{1-u^2/c^2}} \end{cases}$$

最后一式又可写成

$$dt' = \gamma(1 - uv_x/c^2)dt$$

用它去除前三式，即得

$$\begin{cases} v'_x = \dfrac{dx'}{dt'} = \dfrac{v_x - u}{1 - uv_x/c^2} \\ v'_y = \dfrac{dy'}{dt'} = \dfrac{v_y\sqrt{1-u^2/c^2}}{1 - uv_x/c^2} \\ v'_z = \dfrac{dz'}{dt'} = \dfrac{v_z\sqrt{1-u^2/c^2}}{1 - uv_x/c^2} \end{cases} \quad (2.2.6)$$

这便是相对论的速度合成定理．我们从中看到，虽然垂直于运动方向的长度不变，但速度是变的，这是因为时间间隔变了．

易见，当 $u \ll c$，$v_x \ll c$ 时，上式可简化为

$$v'_x = v_x - u, \quad v'_y = v_y, \quad v'_z = v_z$$

这就是我们熟知的经典速度合成公式．

在 v 平行于 x 轴、x' 轴的特殊情况下，$v_x = v$，$v_y = v_z = 0$，速度合成公式（2.2.6）可简化为

$$v' = \dfrac{dx'}{dt'} = \dfrac{v - u}{1 - uv/c^2} \quad (2.2.7)$$

把上式中的 u 换为 $-u$，带撇的量和不带撇的量对调，我们就

得到从 S 系到 S' 系的逆变换关系

$$v = \frac{dx}{dt} = \frac{v'+u}{1+uv'/c^2} \quad (2.2.8)$$

例题 一艘以 $0.9c$ 的速率离开地球的宇宙飞船,以相对于自己 $0.9c$ 的速率向前发射一枚导弹,求该导弹相对于地球的速率.

解 以地面为 S 系,宇宙飞船为 S' 系,按相对论速度合成公式(2.2.6),有

$$v = \frac{v'+u}{1+uv'/c^2} = \frac{0.9c+0.9c}{1+0.9\times 0.9} = 0.994c$$

即导弹相对于地面的速率 v 仍小于 c,符合相对论关于光速是极限速度的论断.

在式(2.2.7)中,当 $v=0$ 时,$v'=-u$. 这表明 S 系本身在 S' 系中的速度是 $-u$,这正是相对性原理所要求的倒逆性,而这种倒逆性我们此前在推导逆变换公式时已多次用过了. 我们在 1.2 节中以超新星爆发为例叙述了,若假定由运动物体发出的光的速度大于 c 会导致怎样令人困惑的结论?若有了光速不变性,上述困惑就会自然解除. 在式(2.2.7)中,当 $v=c$ 时,不管 u 有多大,总有

$$v' = \frac{c-u}{1-uv/c^2} = c$$

这正是光速不变原理所要求的. 为了精密验证这个结论,从 20 世纪 50 年代起许多高能物理学家反复测量了高速微观粒子发出的 γ 射线(一种波长极短的电磁波)的速率,发射粒子的能量从几百 MeV($1\,\text{MeV}=10^6\,\text{eV}$)到几 GeV($1\,\text{GeV}=10^9\,\text{eV}$),

在很高的精度下（≈10^{-4}）验证了它们发出 γ 射线相对于实验室参考系的速率确实等于 c.

爱因斯坦讨论了时间和长度的相对性，从静系到另一个相对于它做匀速移动的坐标系时，其坐标和时间的变换理论得出了一组变换方程．这组方程以后通称为洛伦兹变换方程，洛伦兹在1904年为了解决电磁场方程不能适应伽利略变换保持形式不变，而提出在电荷运动方向有长度的收缩，得到过类似的一组变换公式．事实上，爱因斯坦的这组变换公式和当年洛伦兹的变换公式在物理内涵方面是完全不同的．

2.3 狭义相对性原理

爱因斯坦洞察到惯性参考系在描述物体运动中的独特意义，但考虑到基于绝对时空的伽利略变换遇到了不可克服的困难，"以太"又虚无缥缈地无法确定，因而摒弃了绝对时空和"以太"概念，提出了狭义相对性原理[1]：所有物理定律对惯性参考系都具有相同的形式，即所有物理定律对惯性参考系是协变的，必须符合"洛伦兹协变性"．下面简单介绍"洛伦兹张量"和"洛伦兹协变量"的数学表示．

---

[1] 又称为"狭义相对性协变原理".

一、物理定律的张量形式和坐标变换矩阵

前面说过，狭义相对论要求正确的物理定律应是在洛伦兹变换之下保持形式不变的，即所谓的"洛伦兹协变性"．为了满足这个要求，最自然的做法是什么呢？相对论中有一类特别重要的数学量——"张量"，张量是用坐标变换来定义的，它们的最大特点是在坐标变换下按一种特定的规律变换，张量分为很多阶，零阶张量通常称为标量，一阶张量通常称为矢量，二阶以上的张量统称为张量．同阶张量有相同的变换规律，如果方程的两端是同阶张量，在坐标变换下由于两端以相同的规律变换，所以方程本身的形式在坐标变换下就保持不变，这种性质恰好能够用来体现相对性原理，如果物理量都能用张量表出，物理规律都能写成张量方程，那么这些方程就会在坐标变换下保持不变，这正好体现了物理规律在坐标变换下不变的性质，也就是在不同参考系中物理公式不变的性质．

用坐标变换关系定义矢量

为了能让读者较容易接受张量的概念，我们先介绍如何用坐标变换关系定义矢量，以便过渡到张量的变换关系．在经典物理学中，多数物理量是标量或矢量，也有一些是被称为"张量"的量．通常我们说，标量是"只有大小、没有方向的量"，矢量是"既有大小，又有方向，且满足四边形叠加规则的量"．这种定义其实是很初等的．数学家们认为，最好换一种说法，在后文我们会看到，换一种说法的确有很大的好处．

任何一个物理量都是一个"实体",即客观实在的东西.例如在牛顿力学中,速度、加速度等是矢量,可以抽象地用一条直线段加上一个箭头来表示.线段长度代表它的大小,箭头表示它的方向.为了更具体地描述它,可以引入不同的坐标系,去考察它的分量(图2.3.1).但是,矢量本身是客观存在的实体,同人们是否引入坐标系及引入一个什么样的坐标系无关.当换一个坐标系时(例如,图2.3.1那样把坐标系在x-y平面上转动一个角度),矢量的两个分量就都改变了,但是不难看出,这些分量的改变绝不会是任意的,而是按照某些特定的规律进行的.因为矢量是个实体,正如一个实实在在的物体,当光源移动时,其投射到墙上的影子不会毫无规律地变得神秘莫测一样.因此数学家提出,可以利用坐标变换下矢量各分量的变化规律——所谓的"变换性质"去重新定义矢量.有两点是不难接受的:首先,矢量各分量的变换规律与坐标的变换规律一定是密切相关的;其次,同一点上的两个矢量,其分量的具体数值可以各不相同,但都遵循相同的规律进行变换.一个最简明的例子就是图2.3.1所示的坐标变换:旧坐标(x, y)转过θ角变成新坐标(x', y'),任一点P的新、旧坐标的变换关系是

$$\begin{cases} x' = \cos\theta \cdot x + \sin\theta \cdot y \\ y' = -\sin\theta \cdot x + \cos\theta \cdot y \end{cases} \quad (2.3.1)$$

$$\begin{bmatrix} \cos\theta & \sin\theta \\ -\sin\theta & \cos\theta \end{bmatrix} \quad (2.3.2)$$

式(2.3.2)称为"坐标变换矩阵".如果从原点O到P点作一位移矢量,它在新、旧坐标系中的分量正是(x, y)和(x', y').因

此，平面上任意矢量 A 在上述坐标变换下分量的变换规律是

$$\begin{cases} A_x' = \cos\theta \cdot A_x + \sin\theta \cdot A_y \\ A_y' = -\sin\theta \cdot A_x + \cos\theta \cdot A_y \end{cases} \quad (2.3.3)$$

即以与坐标变换同样的方式变换.

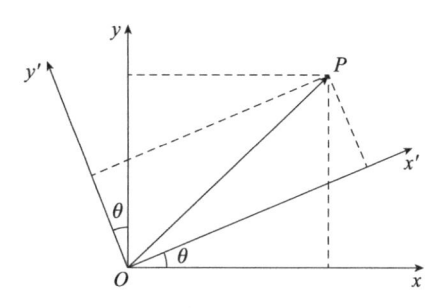

图 2.3.1　矢量 $\overrightarrow{OP}$ 在不同坐标系中的表示

推而广之，一个二维空间上的坐标一般可写成 (x_1, x_2),（例如，对笛卡儿坐标 $x_1=x$，$x_2=y$，对平面极坐标 $x_1=\rho$，$x_2=\theta$，等等）. 新旧坐标变换关系可写成

$$\begin{cases} x_1' = a_{11} \cdot x_1 + a_{12} \cdot x_2 \\ x_2' = a_{21} \cdot x_1 + a_{22} \cdot x_2 \end{cases} \quad (2.3.4)$$

其中 a_{11}，a_{12}，…与坐标无关. 数学家称这一类关系为"线性变换". 对于三维空间，三个坐标记为 (x_1, x_2, x_3)，坐标变换是

$$\begin{cases} x_1' = a_{11} \cdot x_1 + a_{12} \cdot x_2 + a_{13} \cdot x_3 \\ x_2' = a_{21} \cdot x_1 + a_{22} \cdot x_2 + a_{23} \cdot x_3 \\ x_3' = a_{31} \cdot x_1 + a_{32} \cdot x_2 + a_{33} \cdot x_3 \end{cases} \quad (2.3.5)$$

而矢量的分量则总是以与坐标变换相同的方式进行变换.

现在可以重新将"矢量"定义如下：n 维空间中的矢量是一个实体，它有 n 个分量，在坐标变换下，各个分量按坐标变

换矩阵进行变换.

张量和坐标变换矩阵

数学家进一步将上述观念推广，定义了一类叫做"张量"的几何量.例如，所谓的三维空间中一个"m阶张量"，它有3^m个分量，每个分量在坐标变换下遵循一定的规律进行变换（把坐标变换矩阵反复用m次），而它本身是一个与坐标系无关的"实体".按这个定义，标量是一个"零阶"张量，因为它只有$3^0=1$个"分量"，所有标量在坐标变换下遵循同样的"变换规律"——即不变（不使用坐标变换矩阵，即用"零次"）；矢量是"一阶张量"，应有$3^1=3$个分量在分量变换时，坐标变换要用一次；而"二阶张量"应有$3^2=9$个分量，在分量变换时，坐标变换矩阵要用两次，等等.有些读者可能在经典力学中接触过某些三维空间的二阶张量，例如"应力张量"及"惯量张量"便是这类二阶张量.它们有大小，也有方向，不过不像矢量的方向那么简单，而是有"双重的"方向性.

依此类推，四维空间（例如"时空"）中的二阶张量有$4^2=16$个分量，并且此二阶张量是每个分量按确定规律变换的"实体"；n维空间的m阶张量自然就是有n^m个按确定规律变换的分量的"实体".

张量方程自然是协变的

不难想象，一个数学方程，如果等号两边是同阶的张量，因为它们有相同的变换性质，因此在坐标变换下，方程的形式必定保持不变.于是我们就找到本节开头所提问题的答案了.因为洛伦兹变换可看成四维的"时空"中的坐标变换,我们可以利用它去规定一类四维张量,称为"洛伦兹张量"或"洛伦兹协变量",如果能将物理定律写成洛伦兹张量方程的形式,它就自然具有狭义相对论所要求的协变性质了.

二、洛伦兹协变张量

洛伦兹变换是四维时空的线性变换

我们可以把洛伦兹变换写成四维时空坐标的变换形式,令 $\gamma = 1/\sqrt{1-u^2/c^2}$, $\beta = u/c$. 为简单起见,先强调突出 x_1 与 x_4 的变换性质而暂时略去不变的 x_2 和 x_3,则洛伦兹变换可写成(记住: $x_4 = \mathrm{i}ct$)

$$\begin{cases} x_1' = x' = \dfrac{x-ut}{\sqrt{1-u^2/c^2}} = \gamma\left(x_1 + \mathrm{i}\beta x_4\right) \\ x_4' = \mathrm{i}ct' = \mathrm{i}c\left(\dfrac{t-ux/c^2}{\sqrt{1-u^2/c^2}}\right) = \gamma(-\mathrm{i}\beta x_1 + x_4) \end{cases} \quad (2.3.6)$$

与 x_1、x_4 的线性变换普遍关系为

$$\begin{cases} x_1' = a_{11}x_1 + a_{14}x_4 \\ x_4' = a_{41}x_1 + a_{44}x_4 \end{cases} \quad (2.3.7)$$

式(2.3.6)与式(2.3.7)比较,易见 $a_{11} = a_{44} = \gamma = 1/\sqrt{1-u^2/c^2}$,$a_{14} = \mathrm{i}\beta\gamma$,$a_{41} = -\mathrm{i}\beta\gamma$.

用矩阵的形式可以简洁地把洛伦兹变换系数表示为

$$[a] = \begin{bmatrix} \gamma & i\beta\gamma \\ -i\beta\gamma & \gamma \end{bmatrix} \quad (2.3.8)$$

容易证明其逆变换为

$$\begin{cases} x_1 = a'_{11}x'_1 + a'_{14}x'_4 \\ x_4 = a'_{41}x'_1 + a'_{44}x'_4 \end{cases} \quad (2.3.9)$$

的变换矩阵为

$$[a]^{-1} = \begin{bmatrix} \gamma & -i\beta\gamma \\ i\beta\gamma & \gamma \end{bmatrix} \quad (2.3.10)$$

一般来说，四维时空坐标的线性变换可普遍地写成

$$\begin{aligned} x'_j &= a_{j1}x_1 + a_{j2}x_2 + a_{j3}x_3 + a_{j4}x_4 \\ &= \sum_{k=1}^{4} a_{jk}x_k = a_{jk}x_k \quad (j,k=1,2,3,4) \end{aligned} \quad (2.3.11)$$

在上面最后一个等式中，我们采用了爱因斯坦求和约定，规定脚标相同的项代表对该脚标所有的可能取值求和，就如上式中的 k 分别取 1,2,3,4 的值的求和一样，式中的 a_{jk} 为与坐标无关的常数.

此外，按洛伦兹变换，闵可夫斯基时空（三维坐标加上一维虚数时间所构成的四维数学空间，详见 2.5 节）中所有四个坐标变换关系为

$$x'_1 = x' = \gamma \cdot x_1 + i\beta\gamma \cdot x_4 = \gamma \cdot x_1 + 0 \cdot x_2 + 0 \cdot x_3 + i\beta\gamma \cdot x_4$$
$$x'_2 = y' = y = x_2 = 0 \cdot x_1 + x_2 + 0 \cdot x_3 + 0 \cdot x_4$$
$$x'_3 = z' = z = x_3 = 0 \cdot x_1 + 0 \cdot x_2 + x_3 + 0 \cdot x_4$$
$$x'_4 = ict' = -i\beta\gamma \cdot x_1 + \gamma \cdot x_4 = -i\beta\gamma \cdot x_1 + 0 \cdot x_2 + 0 \cdot x_3 + \gamma \cdot x_4$$

可见相应的变换系数为除 $a_{11} = a_{44} = \gamma$，$a_{22} = a_{33} = 1$，$a_{14} = -a_{14} = i\beta\gamma$ 外，其余的 $a_{jk}=0$，即其变换矩阵和逆变换矩阵为

$$[\boldsymbol{a}_\mu] = \begin{bmatrix} \gamma & 0 & 0 & i\beta\gamma \\ 0 & 1 & 0 & 0 \\ 0 & 0 & 1 & 0 \\ -i\beta\gamma & 0 & 0 & \gamma \end{bmatrix} = [a_{kj}]$$

$$[\boldsymbol{a}_\mu]^{-1} = \begin{bmatrix} \gamma & 0 & 0 & -i\beta\gamma \\ 0 & 1 & 0 & 0 \\ 0 & 0 & 1 & 0 \\ i\beta\gamma & 0 & 0 & \gamma \end{bmatrix} = [a_{kj}]^{-1} \quad (2.3.12)$$

总而言之，在所有的惯性系中，把有关公式定律用上述矩阵变换为张量形式，即可得在所有的惯性系中均成立的协变式子．

2.4 相对论中质量和能量的关系

以上各章我们讨论了狭义相对论的运动学问题，下面讨论有关动力学的问题．我们的出发点仍然是先找出参考系间的物理不变量（守恒律）．在动力学中有一系列物理概念，如能量、动量、角动量和质量等及其相应的守恒定律，在经典物理中几乎是普适的．它们不单在宏观世界，而且在微观世界也是成立的．例如动量守恒定律，原子核中的 β 衰变就是一个很好的例子，原来误认为不遵守动量守恒，但是泡利提出了中微子假说，证明了 β 衰变中的总动量仍然守恒．我们首先要受到一条对应原则的限制，即当速度 $v \ll c$ 时，新定义的物理量必须趋于经典物理中对应的量．

一、相对论中质量和速度的关系公式

下面我们就从动量守恒出发，导出质量在不同速度的惯性参考系中的变换关系.

一个质点的动量 p 是质量与速度相乘，且和速度 v 同方向的矢量，故把它写成

$$p = mv$$

考虑到低速极限时（$v \ll c$）动量与速度的关系，我们把 m 仍理解为该质点的质量，只不过在数量上 p 不一定与 v 成正比，我们对此的偏离都归结到比例系数 m 是速度的函数. 由于空间各向同性，我们认为 m 只依赖于速度的大小 v，而与速度的方向无关，即

$$m = m(v) \tag{2.4.1}$$

当 $v/c \to 0$ 时，m 近似为经典力学中的质量 m_0（称为静止质量）.

下面考查一个例子——全同粒子的完全非弹性碰撞. 如图 2.4.1 所示，A、B 两个全同粒子正碰后结合成为一个复合粒子. 我们从 S、S' 两个惯性参考系来讨论这个事件：在 S 系中 B 粒子静止，A 粒子的速度为 v，它们的质量分别为 $m_B = m_0$ 和 $m_A = m(v)$；在 S' 系中 A 粒子静止，B 粒子的速度为 $-v$，它们的质量分别为 $m_A = m_0$ 和 $m_B = m(v)$；显然，S' 系相对于 S 系的速度为 v. 设碰撞后复合粒子在 S 系的速度为 u，质量为 $M(u)$；在 S' 系的速度为 u'，质量为 $M(-u)$. 由对称性可以看出，$u' = -u$，故复合粒子的质量仍为 $M(u)$. 根据守恒定律，我们有

第 2 章　狭义相对论很奇异吗？

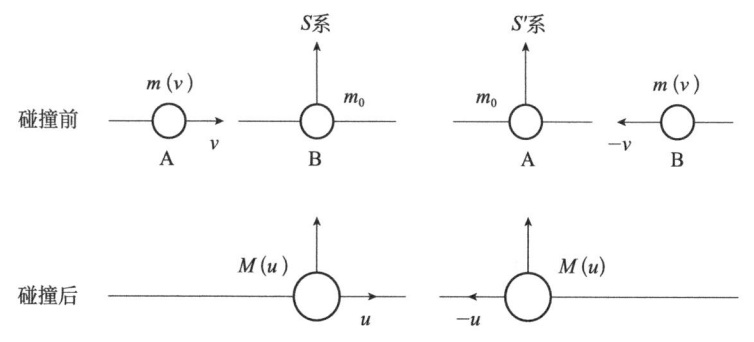

图 2.4.1　导出质速关系的完全非弹性碰撞的理想实验

$$\text{质量守恒:}\quad m(v) + m_0 = M(u) \quad (2.4.2)$$
$$\text{动量守恒:}\quad m(v)\cdot v = M(u)\cdot u \quad (2.4.3)$$

由此得

$$\frac{M(u)}{m(v)} = \frac{m(v)+m_0}{m(v)} = \frac{v}{u} \quad (2.4.4)$$

另外，根据相对论的速度合成公式，有

$$u' = -u = \frac{u-v}{1-uv/c^2} \quad (2.4.5)$$

即

$$\frac{v}{u} - 1 = 1 - \frac{u}{v}\frac{v^2}{c^2} \quad \text{或} \quad \frac{v^2}{u^2} - 2\frac{v}{u} + \frac{v^2}{c^2} = 0$$

由此解得

$$\frac{v}{u} = 1 \pm \sqrt{1-\frac{v^2}{c^2}}$$

因 $u < v$，负号应舍去．将正号的解代入式（2.4.4）右端，得

$$m(v) = \frac{m_0}{\sqrt{1-v^2/c^2}} = \gamma m_0 \quad (2.4.6)$$

55

这就是相对论中非常重要的质速关系，图 2.4.2 中给出了它的曲线，这是早年的实验数据.

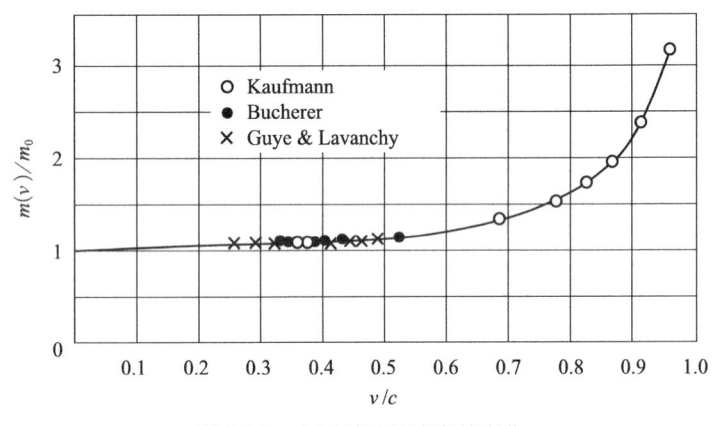

图 2.4.2　电子质量随速度的变化

由图 2.4.2 可见，在物体的速度不大时，物体的质量和静止质量 m_0 差不多，基本上可以看作是常量. 只有当速度接近光速 c 时，物体的质量 $m(v)$ 才明显地迅速增大. 此时相对论效应开始变得重要起来.

此外，由式（2.4.6）可见，$\beta = v/c \to 1$ 时，质量 $m(v)$ 迅速趋向无穷. 这就是说，物体的速度越接近光速，它的质量就越大，因而就越难加速. 当物体的速率趋于光速时，质量和动量一起趋于无穷大，无穷大的物理量是不被认可的，所以光速 c 是一切物体速率的上限. 如果 v 超过 c，质速公式（2.4.6）给出虚质量，这在物理上是没有意义的，也是不可能的.

根据式（2.4.6），我们立即可以写出相对论动量的完整表达式

$$p = m(v)v = \frac{m_0 v}{\sqrt{1-v^2/c^2}} = \gamma m_0 v \qquad (2.4.7)$$

二、相对论中动能和质量的关系公式

我们在牛顿力学里把力定义为动量的时间变化率，这个定义是可直接推广到相对论中的

$$F = \frac{dp}{dt} \qquad (2.4.8)$$

其中 $p = m(v)v = \dfrac{m_0 v}{\sqrt{1-v^2/c^2}} = \gamma m_0 v$，这是牛顿第二定律在相对论中的推广．

我们假定在相对论中，功能关系仍具有牛顿力学中的形式．物体的动能 E_k 等于外力使它由静止状态到运动状态所做的功，由此可导出动能和质量的关系为

$$E_k = (m - m_0) c^2 \qquad (2.4.9)$$

这便是相对论的质点动能公式，它等于因运动而引起质量的增加 $\Delta m = m - m_0$ 乘以光速的平方．

在 $v^2/c^2 \ll 1$ 的情况下忽略高次项，就可得到我们所熟悉的牛顿力学动能公式

$$E_k \approx \frac{1}{2} m_0 v^2$$

下面我们通过简单的数学演算导出上面所给出的动能和质量的关系：

$$E_k = \int_0^t \boldsymbol{F} \cdot d\boldsymbol{s} = \int_0^t \frac{d(m\boldsymbol{v})}{dt} \cdot d\boldsymbol{s} = \int_0^t d(m\boldsymbol{v}) \cdot \frac{d\boldsymbol{s}}{dt}$$

$$= \int_0^v d(m\boldsymbol{v}) \cdot \boldsymbol{v} = \int_0^v \boldsymbol{v} \cdot d\left(\frac{m_0 \boldsymbol{v}}{\sqrt{1-v^2/c^2}}\right)$$

$$= \left.\frac{m_0 \boldsymbol{v} \cdot \boldsymbol{v}}{\sqrt{1-v^2/c^2}}\right|_0^v - m_0 \int_0^v \left(\frac{\boldsymbol{v} \cdot d\boldsymbol{v}}{\sqrt{1-v^2/c^2}}\right) \quad (\text{分部积分})$$

$$= \frac{m_0 v^2}{\sqrt{1-v^2/c^2}} + \left. m_0 c^2 \sqrt{1-v^2/c^2} \right|_0^v$$

$$= \frac{m_0 v^2}{\sqrt{1-v^2/c^2}} + m_0 c^2 \sqrt{1-v^2/c^2} - m_0 c^2$$

$$= \frac{m_0 c^2}{\sqrt{1-v^2/c^2}} - m_0 c^2 \tag{2.4.10}$$

由式（2.4.6），便得

$$E_k = (m - m_0)c^2$$

这便是相对论的动能和质量的关系公式（2.4.9）。在 $v^2/c^2 \ll 1$ 的情况下，将此式作泰勒级数展开，忽略高次项，就可得到我们所熟悉的牛顿力学动能公式

$$E_k = m_0 c^2 [(1-v^2/c^2)^{-1/2} - 1]$$
$$\approx m_0 c^2 \left[(1 + v^2/2c^2) + o(v^4/c^4) - 1\right]$$
$$= m_0 c^2 \left[(v^2/2c^2) + o(v^4/c^4)\right]$$
$$\approx \frac{1}{2} m_0 v^2$$

三、相对论中质量和能量的关系

在能量较高的情况下，微观粒子（如原子核、基本粒子）

相互作用时导致分裂、聚合、重新组合等反应过程.以一个不稳定的原子核裂变为例,假定质量为 M 的母核分裂为一系列质量为 m_i ($i=1,2,\cdots$) 的碎片,在母核静止的参考系内,碎片朝四面八方飞散,各获得一定的速度 v_i 和动能 $E_{ki}=[m_i(v_i)-m_{i0}]c^2$,碎片获得的总动能为

$$E_k = \sum_i E_{ki} = \sum_i m_i(v_i)c^2 - \sum_i m_{i0}c^2$$

由于反应前后质量守恒

$$M_0 = \sum_i m_i(v_i)$$

故有

$$E_k = \sum_i E_{ki} = \left(M_0 - \sum_i m_{i0}\right)c^2$$

上式右端括号里是反应前母核的静止质量 M_0 与反应后产物的总静止质量 $\sum_i m_{i0}$ 之差,称之为质量亏损.上式表明,核反应过程中获得的总动能,等于质量亏损乘上光速 c 的平方.

在上述核反应过程中机械能(在这里就是动能)从无到有,是不守恒的.但是人们总希望找到一种表述,让系统的总能量保持守恒.在普通的炮弹爆炸时,我们说,碎片的动能来自于炸药的化学能.把化学能计算在内,爆炸前后的总能量是守恒的.在上述核爆炸的过程中,碎片的动能从哪里来?上式表明,它来自于质量亏损.质量亏损算什么能量?这是在相对论创立以前人们所不知道的一种能量.为了使上述核反应过程中总能量守恒,我们必须承认,一个物体的静止质量 m_0 乘以光速 c 的平方,也是能量.这种能量叫做物体的静质能.静质

能是每个有静止质量的物体都有的，哪怕它处于静止状态．对于一个以速率 v 运动的物体，其总能量 E 为动能与静质能之和，即

$$E = E_k + m_0 c^2$$

$$E = mc^2 = \frac{m_0 c^2}{\sqrt{1 - v^2/c^2}} = \gamma m_0 c^2 \qquad (2.4.11)$$

这个公式叫做质能关系，它把"质量"和"能量"两个概念紧密地联系在一起．质量在这里代表一个物体的惯性，能量是物体运动的量度[1]．质能关系表明，二者竟是成比例的！而作为非专业用语，在日常生活里两者的语义恰好相反，这是否蕴含着什么深奥的哲理？

光速 $c = 3 \times 10^8$ m/s，按质能关系计算，1 kg 的物体包含的静质能有 9×10^{16} J，而 1 kg 汽油的燃烧值为 4.6×10^7 J，这只是其静质能的二十亿分之一（即 5×10^{-10}）．可见，物质所包含的化学能只占静质能的极小一部分，而核能（通常叫做"原子能"）占的比例就大多了．例如铀-235 本身的质量约为 235 原子质量单位，而裂变时释放的能量可达 200 MeV，这约相当于 1/5 原子质量单位[2]的质量亏损，占其总静质能的 $8.5 \times 10^{-4} \sim 10^{-3}$，此比例比化学能大了六个数量级．这就是为什么原子能是前所未有的巨大能源．

爱因斯坦建立的相对论推出了"$E = mc^2$"这样一个简短

---

[1] 饶有趣味的是，在外文里 inertia（惯性）和 energy（能量）二词，作为非专业用语，在日常生活里的含义分别是"萎靡无力"和"精力充沛"．
[2] 原子质量单位（符号为 u）是碳-12 同位素原子质量的 1/12，它的大小相当于 931.49432 MeV 能量．

的公式，为开创原子能时代奠定了理论基础．所以人们常把此式看作是一个具有划时代意义的理论公式，在各种场合印在宣传品上，作为纪念爱因斯坦伟大功绩的标志．根据相对论，质量与能量之间没有本质的区别．能量具有质量，而质量代表着有能量，现在只用一个守恒定律，即质量-能量守恒定律，而不用两个守恒定律了．这种新的观点在物理学的进一步发展中已证明是很成功的．正如爱因斯坦在《什么是相对论？》一文中认为[①]："狭义相对论最重要的结果是关于物质体系的惯性质量．这个结果是：一个体系的惯性必然同它的能量含量有关．由此又直接导致这样的观念：惯性质量就是潜在的能量．质量守恒原理失去了它的独立性，而同能量守恒原理融合在一起了．"

四、相对论中能量和动量的关系

为了找到能量和动量之间的关系，我们取式（2.4.6）的平方

$$m^2 = \frac{m_0^2}{1 - v^2/c^2}$$

乘以 c^4，解得

$$m^2 c^4 - m^2 v^2 c^2 = m_0^2 c^4$$

上式左端第一项为 E^2，第二项为 $p^2 c^2$，故得

$$E^2 = p^2 c^2 + m_0^2 c^4 \quad \text{或} \quad E = \sqrt{p^2 c^2 + m_0^2 c^4} \qquad (2.4.12)$$

[①] 爱因斯坦．爱因斯坦文集．第一卷．许良英，李宝恒，赵中立，等编译．北京：商务印书馆，1976：109．

这便是相对论的能量动量关系.式（2.4.12）可用如图 2.4.3 所示的动质能三角形来表示.这是个直角三角形，底边是与参考系无关的静质能 m_0c^2，斜边为总能量 E，它随正比于动量的高 pc 的增大而增大.在 $v \to c$ 的极端情形下，$E \approx pc$（极端相对论情形）.

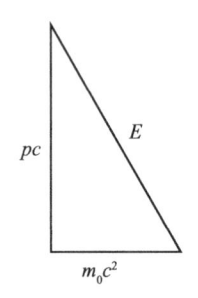

图 2.4.3　相对论的能量动量关系图

有些微观粒子，如光子、中微子，它们没有静止状态，所以没有静止质量，因而也没有静质能，它们的速率总是 c，有一定的能量 E，令式（2.4.12）中 $m_0 = 0$，得这类粒子动量的大小与能量的关系式：$p = E/c$.

当然我们也可以根据质能关系定义它们的动质量 $m = E/c^2$，但这类粒子的速率 c 是不变的，质量丧失了惯性方面的含义，几乎成了能量的同义语.一个电子和一个正电子遇到，可以湮没，变成两个 γ 光子.这是静质能全部转化为动能的例子.

五、相对论中质能关系的意义

质能关系在理论和实践上都有着重大的意义.关于质能关

系物理内涵的意义，有不少不同观点的论述．爱因斯坦曾对惯性质量和能量的关系作过这样的论述，"我们发现惯性不是物质的一种基本性质，也不是一种不可再简约的量，而只是能量的一种性质．如果给予一个物体能量，则这个物体的惯性质量就增加了……另一方面，一个质量为 m 的物体可以看作是一个数值为 m 乘以 c 平方的能量储藏．"下面介绍我们对质能关系物理内涵的理解．

第一，它揭示了作为惯性量度的"质量"，与作为运动量度或不同形式的运动相互转化能力的量度的"能量"之间的深刻联系（以后我们还要指出，按照广义相对论，质量还同时表征物体的引力性质，也是物体引力性质的量度）．粗略地说，物体的惯性同它内部及整体运动的程度是同时消长的．在经典力学中，质量守恒定律和能量守恒定律是两个彼此独立的定律，在某个过程中，物体系统可以质量守恒而能量不守恒（例如，热水瓶中的水冷却了，从经典观点看来，情况就是如此），但是，在相对论中，它们是统一的，可称之为质量-能量守恒定律；质量守恒就意味着能量守恒，反之亦然．由于能量与质量总成正比，可以把它们看作是统一的物理量——通常叫做"质量-能量"，或简称"质能"．当然，同经典力学不同，这里的质量不单是指物体的"静止质量"．例如，电子与正电子组成的"电子对"，在一定的条件下可以转化为一对高能光子（γ 射线）．在这个例子中，电子对的静能全部转化为光子对的动能，能量改变了形式，而数量上是守恒的．与此同时，电子对的质量（绝大部分是静止质量）也全部转化为光子对的运动质量，质量也是守恒的.

有一种观点认为，质能关系意味着质量可以转化为能量，这是不确切的.在上述的典型例子中，物质并没有消灭，它只是从一种形式转化为另一种形式；与此同时，能量也从一种形式转变为另一种形式.有些人也习惯把（与静止质量相应的）静能向动能转化的过程说成"质量转化为能量"，这种说法若不加以准确的解释，容易引起误解.至于由此引申为"物质转化为能量"，就更不妥当了.单纯从计算量值上讲，$E=mc^2$对"质–能"的关系会有不同理解，但从物理内涵和哲学意义上讲，如果误认为是质量转变成能量，容易误解为物质变为运动，那就不对了.其实，质量和能量都只是反映物质的某一方面属性，不能彼此代替转变.

第二，静能的揭示是相对论最重要的成就之一.按照辩证唯物主义的观点，没有运动的物质同没有物质的运动同样是不可思议的.一个"静止"的物体，仅仅是相对于所选用的参考系没有整体的运动而已，在它的内部，存在着多种形式的运动.这些内部运动的形式，有些已经为我们所认识.例如一个宏观尺度的物体，里面有分子、原子的运动，在原子内部有核外电子的运动和原子核内核子的运动等，在更深的物质结构层次下，例如基本粒子内部的运动形式，目前我们还不甚了解.尽管如此，按照质能关系，一个具有静止质量的基本粒子，相应地也有静能.这个静能的存在，正是它的内部运动的表现.

第三，在许多情况下，物体的静能比起它的整体运动能量来，大得无可比拟.也就是说，大量的能量以静能的形式

"束缚"在物体的内部,这就启发人们用各种办法来"释放"这些能量,以最大限度地利用这些能量.一个物体或物体系统分裂为其组成部分(例如化学分解、原子的电离、核分裂等)和与此相反的过程,通常都伴随着和外界的能量交换.相应地,物体系统的总能量也在过程中发生变化,所改变的这部分能量就是结合能.如果过程中物体系统从外界吸收能量,总能量增加,那么,按照质能关系,它的质量也相应增加,反之,就是释放能量和质量减少,即出现"质量亏损".当然,质量亏损越大,释放的能量就越多.

至于在我们对物体系统各部分相互作用的具体机制和规律性还缺乏足够认识的时候,只要我们能够测定质量亏损的数值,也就很容易推知所释放的能量值了.事实上,人们正是通过这个途径认识到核能利用的可能性的.可以说,相对论所揭示的质能关系,对人类跨进原子时代,有着不可磨灭的功劳.

选读

原子核的结合能

从质能关系的简例中我们讲到,像太阳这样的恒星天体,每秒向空间辐射的能量是巨大的.人们很自然地就会提出这样一个问题,恒星辐射的能源是从哪里来的呢?曾经有过这样的假说,认为太阳的能源来自燃烧.但是,人们很快就证明了这种假说是站不住脚的.因为像太阳这样"挥霍"能量的恒星,即使它的全部质量都是由最优质的煤组成，也要不了几千年就会全部烧光，化为灰烬，哪里还会存在到今天呢！

那么，像太阳这样的恒星，它们的能源是什么呢？自从爱因斯坦发现质能关系以后，随着原子和原子核物理学的发展，这个问题终于得到了解决．这就是：发光恒星的能源来自核反应．核反应不但为慷慨地挥霍能量的恒星提供了巨大的能源，也为人类贡献出取之不尽的能量宝库——原子能．

一、结合能的概念

为了将一个物质系统分裂成其组成部分（例如破坏固体的晶格，将它熔解或蒸发；用电离的手段从原子中分出电子；将原子核分裂为质子和中子等），必须有外界对其做一定的功．这个功使系统的能量改变，通常把这部分改变的能量叫做系统的结合能．如果系统的总能量为 ε，第 i 个被分开的粒子的能量为 ε_i，则结合能为

$$\Delta\varepsilon = \sum_i \varepsilon_i - \varepsilon$$

与此相应的质量改变为

$$\Delta m = \Delta\varepsilon/c^2 = \sum_i m_i - m$$

其中 $m_i = \varepsilon_i/c^2$ 为第 i 个粒子的质量，$m = \varepsilon/c^2$ 为分裂前系统的总质量．

反过来，当几个粒子组成一个新的物质系统时，它会把多余的能量——结合能释放出来．相应地，系统的总质

量比原来各粒子的分质量之和减少了 Δm，通常把它称为质量亏损．结合能和质量亏损的关系显然是

$$\Delta \varepsilon = \Delta m \cdot c^2$$

二、分子的结合能

从上面的讨论可见，系统越坚固，结合能越大，则质量亏损也越大．对于坚固性不太大的化合物，结合能比较小，因而质量亏损远远小于实验所可能发现的极限．

例如，为了把 1 g 的水（利用电解方法）分解为氢与氧，需要做的功约为 3.2×10^4 J，将其除以 1 g 水内的分子数 $\left(\dfrac{6.023 \times 10^{23}}{18}\right)$，就得到 1 个水分子的结合能

$$\Delta \varepsilon = \frac{3.2 \times 10^4 \times 18}{6.023 \times 10^{23}} \text{J} \approx 10^{-18} \text{ J} \approx 6 \text{ eV}$$

由此可求得一个水分子的质量亏损为

$$\Delta m = \Delta \varepsilon / c^2 = \frac{10^{-18}}{9 \times 10^{16}} \text{ kg} \approx 10^{-35} \text{ kg} \approx 10^{-32} \text{ g}$$

1 g 水的质量亏损为

$$\frac{3.2 \times 10^4}{9 \times 10^{16}} \text{ kg} \approx 3.6 \times 10^{-13} \text{ kg} = 3.6 \times 10^{-10} \text{ g}$$

由此可见，一般化合物的分子结合能约为几个电子伏特，而质量亏损则为分子质量的一亿分之几．

三、原子核的结合能

原子核的结合能比分子的化学结合能大得多．下面以氦原子核的结合能为例予以说明．氦核（即 $^4_2$He 粒子）由

两个质子和两个中子组成. 从质谱仪中, 精确地测定它们的质量分别为

$$氦核\, m_{He} = 4.00389u$$

$$质子\, m_H = 1.00813u$$

$$中子\, m_0 = 1.00893u$$

由此可见, 质量亏损等于

$$\Delta m = (2 \times 1.00813u + 2 \times 1.00893u) - 4.00389u = 0.0302u$$

由于一个原子质量单位等于 1.66×10^{-24} g, 于是

$$\Delta m = 0.0302 \times 1.66 \times 10^{-24}\, g \approx 5.00 \times 10^{-26}\, g = 5.00 \times 10^{-29}\, kg$$

乘以 c^2 后, 得到氦核的结合能为

$$\Delta \varepsilon = 5.00 \times 10^{-29} \times 9 \times 10^{16} = 4.5 \times 10^{-12}(J) \approx 2.8 \times 10^{7}(eV)$$

由此可见, 原子核的结合能一般为几十兆电子伏特. 把这个结果与水分子的结合能比较, 就能得出原子核的结合能比化合物的分子结合能大几百万至一千多万倍.

选读

原子能反应的例子

一、核反应

利用能量非常大的质子或中子来轰击原子核, 有可能产生核反应, 其中原来的核蜕变为其他的核, 并释放出能量. 例如, 用质子 ($_1^1H$) 来轰击锂核 $_3^7Li$, 可以得到氦核

$_2^4$He，其反应方程为

$$_3^7\text{Li} + _1^1\text{H} \longrightarrow 2_2^4\text{He}$$

由实验可知，各有关的原子核的质量数分别为

$$m(_3^7\text{Li}) = 7.01818\text{u}$$

$$m(_1^1\text{H}) = 1.00813\text{u}$$

$$m(_2^4\text{He}) = 4.00389\text{u}$$

由此可以得到质量亏损 $\Delta m = 0.01853\text{u}$，这相当于 17.25 MeV 的能量．这部分能量应该在反应中释放出来，并作为两个 α 粒子（氦核）与入射质子之间的动能差．这个结论已为实验所证实．

在许多其他核反应中，已经获得了精确的实验证据．实验结果与理论预期很好地符合．这一工作精确地验证了狭义相对论理论，而且也证实了微观过程的能量守恒定律．

二、铀核裂变

原子弹以及和平利用原子能的核反应堆是利用铀核的分裂作为能源的．

在慢中子的作用下，铀的一种同位素 $^{235}_{92}\text{U}$ 分裂为两块周期表中央部分元素的原子核碎片，同时放出 1～3 个中子，其可能的一种核反应方程为

$$^{235}_{92}\text{U} + _0^1\text{n} \longrightarrow ^{139}_{54}\text{Xe} + ^{95}_{38}\text{Sr} + 2_0^1\text{n}$$

由于铀在分裂后产生新的中子，因此这种裂变反应

（保持在一定的条件下）可以是自持反应或链式反应.

在元素周期表中央部分的原子核内，每个核粒子的结合能大约为 8.5 MeV；而对于铀元素，则结合能减为 7.5 MeV. 因此在每一次裂变反应过程中，核的静能减少，而碎片的动能却大约增加了 $(8.5-7.5)\times 235$ MeV $\approx 3.8\times 10^{-11}$ J. 对于每裂变 1 克铀，释放出来的能量（基本上为热的形式）等于

$$\Delta Q = \frac{3.8\times 10^{-11}\times 6.0\times 10^{23}}{235} \approx 9.7\times 10^{10}\,(\text{J})$$

如果假定煤的燃烧热等于 2.9×10^4 J/g，则 1 克铀裂变所释放出来的能量，相当于燃烧 3 吨煤的热量.

三、热核反应

在一定的条件下，可以发生轻原子核聚变成重原子核的反应. 这种反应的条件一般是高温（温度的数量级为 10^7 K），因此又叫做热核反应，氢弹是利用热核反应的例子，太阳之类恒星的能源也是由热核反应提供的.

我们以重氢（氘 $_1^2\text{H}$）和超重氢（氚 $_1^3\text{H}$）的聚变反应为例. 在这过程中，形成氦核并放出中子

$$_1^2\text{H} + _1^3\text{H} \longrightarrow {}_2^4\text{He} + {}_0^1\text{n}$$

氘和氚核的质量分别为 2.01471u 和 3.01700 u. 由此可得反应中静止质量的亏损为

$$\Delta m = (2.01471+3.01700-4.00389-1.00893)\text{u}$$
$$= 0.01889\text{u} \approx 3.0\times 10^{-26}\text{ g} = 3.0\times 10^{-29}\text{ kg}$$

因此，在一次聚变过程中所释放的能量为

$$\Delta\varepsilon = \Delta m \times c^2 = 3.0 \times 10^{-29} \times 9 \times 10^{16} = 2.7 \times 10^{-12} (\text{J})$$

当 1 克氘和氚聚变成氦时所释放的总能量为

$$2.7 \times 10^{-12} \times \frac{6.02 \times 10^{23}}{5} = 3.3 \times 10^{11} (\text{J})$$

由这个结果可以看到，聚变（热核）反应单位质量所释放的能量是裂变反应的 3 倍多，也比较安全，并且参与聚变的原料——氢、重氢、超重氢或其他轻元素又是非常丰富的．因此，和平利用热核反应的前景是十分诱人的．问题是实现可控核聚变（热核）反应的条件比较难以实现，需要人类继续努力．近年来各国在这方面的技术都有重大突破．

2.5　闵可夫斯基四维时空的图像

在狭义相对论中时空是一个不可分的整体，不是"空间+时间"，而是"空间-时间"．在洛伦兹变换中，我们看到，空间坐标的变换式里包含着时间坐标，而时间坐标的变换式里也包含着空间坐标，这是伽利略变换所没有的情况．这反映出，在狭义相对论中，时间和空间是紧密相关的．这种特征在狭义相对论中明确地表现出来．洛伦兹变换表明：一对事件在某一个坐标系中的空间距离，在另一个坐标系中可以转换为时间上的差异；反过来也一样.空间和时间的这种相互转化，清楚地表明了时间和空间的内在联系.凡此种种都有力地证明，时间和空间是统一的.不是一个犹如三维大容器那样的不变的空间加上一个独往独来、处处一样的一维的时间；而是时间和空间"融合"成一个统一的四维连续体.通常叫做"空间-时间"，简称"空时"或通常就叫做"时空".

一、从光速的不变性引入"时空间隔"的概念

设惯性系 S 中从 A 点发出一束光传到 B 点，则显然有

$$(x_B - x_A)^2 + (y_B - y_A)^2 + (z_B - z_A)^2 = c^2 t^2$$

或

$$(x_B - x_A)^2 + (y_B - y_A)^2 + (z_B - z_A)^2 - c^2 t^2 = 0 \quad (2.5.1)$$

这个式子对任何相对 S 系做匀速运动的 S' 系都适用，即

$$(x'_B - x'_A)^2 + (y'_B - y'_A)^2 + (z'_B - z'_A)^2 - c^2 t'^2$$
$$= (x_B - x_A)^2 + (y_B - y_A)^2 + (z_B - z_A)^2 - c^2 t^2 = \Delta s^2 \quad (2.5.2)$$

我们把 Δs 叫做"时空间隔".引入"时空间隔"这个概念的意义在于，对任何惯性系中两个由空间位置 (x, y, z) 和时刻 t 确定的事件的"时空间隔"是惯性系变换的不变量.

下面我们通过洛伦兹变换公式证明.为简单起见，设 S' 系以 v 沿 x（x'）正向相对 S 系运动，起始时 $t'=t=0$，A 与 A' 重合，且都在原点，$B=(x, 0, 0)$，$B'=(x', 0, 0)$，于是有

$$\Delta s'^2 = x'^2 - c^2 t'^2$$
$$= \left[\frac{x-vt}{\sqrt{1-v^2/c^2}}\right]^2 - c^2\left[\frac{t-vx/c^2}{\sqrt{1-v^2/c^2}}\right]^2$$
$$= \frac{(x^2 - 2vtx + v^2 t^2) - c^2(t^2 - 2vtx/c^2 + v^2 x^2/c^4)}{1-v^2/c^2}$$
$$= \frac{(x^2 - 2vtx + v^2 t^2) - (c^2 t^2 - 2vtx + v^2 x^2/c^2)}{1-v^2/c^2}$$
$$= \frac{x^2(1-v^2/c^2) - c^2 t^2(1-v^2/c^2)}{1-v^2/c^2}$$
$$= x^2 - c^2 t^2 = \Delta s^2$$

这就证明了时空间隔在惯性参考系变换的不变性，又称为时空间隔的协变性．

二、闵可夫斯基时空图

如上所述，我们实际上已经从通常的"三维加一维"观点跨进到某种"四维"观点了．既然时间空间本质上是统一的，四维观点无疑是更加深刻的．事实上，狭义相对论可以表述为一种简洁优美的四维形式，这种形式是由闵可夫斯基（H. Minkowski）首先发展起来的．此外，一些物理学家也常常用所谓的"空时图"的几何形象来表达和处理有关的物理问题．

由间隔的表达式（2.5.2）可知，坐标原点 $O(0, 0, 0; 0)$ 事件与 $P(x, y, z; t)$ 事件之间的间隔为

$$s^2 = x^2 + y^2 + z^2 + (\mathrm{i}ct)^2 = (x')^2 + (y')^2 + (z')^2 + (\mathrm{i}ct')^2$$

式中 i 为单位虚数，由上式可见，若令 $x=x_1$，$y=x_2$，$z=x_3$，$ict=x_4$，则可以改写成

$$s^2 = x_1^2 + x_2^2 + x_3^2 + x_4^2 \qquad (2.5.3)$$

与三维欧几里得空间笛卡儿坐标系中 $P(x, y, z)$ 点位矢的模方 $r^2 = x^2 + y^2 + z^2$ 类比，闵可夫斯基引入一个四维的赝欧几里得空间[①]（简称为闵可夫斯基空间），描述这个空间的四个正交坐标分别为 x_1、x_2、x_3 和 x_4. 事件 $P(x_1, x_2, x_3, x_4)$ 的"位矢模方"即为 P 点与原点 O 的间隔. 洛伦兹变换公式是四个变量的变换，如把它们看成是某个四维空间中的矢量，对于变换的运算和寻找变换中的不变量会带来很大的方便. 和欧几里得空间不同，如把时间写成虚数变量，作为虚数轴，而坐标的三个变量简化为实数轴，这种形式是由闵可夫斯基首先发展的，故称为闵可夫斯基空间.

闵可夫斯基空间牵涉到四个坐标，不好在平面纸上作图. 幸好现在的情况下 $x_2 = y$ 和 $x_3 = z$ 在坐标变换下是不变的，为了显示问题的本质，可以省去 $x_2(y)$ 和 $x_3(z)$ 两个坐标而只画出两维，即时间和一个代表性的方向 x_1（即 x）就可以了，所得出的平面图实质上是空时在 x-t 平面上的投影.

一点对应一个"事件"（严格地说是"点事件"），即持续时间和空间范围均趋于零的事件. 一个在时空中有限范围的事件可以再细分为若干个"点事件". 在图 2.5.1 中，O 点表示取原点的事件，我们赋予它时空坐标 $x = 0$，$t = 0$. $x(x_1)$ 轴包含着

[①] 之所以称为赝欧几里得空间，是因为它不是"真正的"欧几里得空间，其中的第 4 个坐标 $x_4 = ict$ 具有虚数的性质.

惯性坐标系 S 中所有与 O 同时发生的事件，例如事件 A，它与 O 同时发生且与 O 相距（沿 x 正向）3 个长度单位．时间轴包含着所有在 $x=0$ 处发生的事件，它的标度为 ct．又例如事件 B 在 S 系中 $x=0$ 处发生的时间是 $x_4 = \mathrm{i}ct = 2$，亦即 $t = 2/c$．任一点的纵、横坐标分别代表该点所对应的事件在 S 系中的时间（$x_4 = \mathrm{i}ct$）和地点．例如图 2.5.1 中事件 P，在 S 系中发生在时刻 $t = 2/c$，地点 $x = 3$ 处．

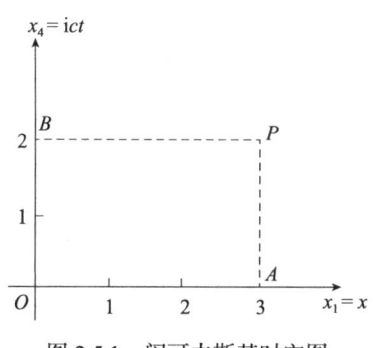

图 2.5.1　闵可夫斯基时空图

三、"世界线"和"光锥"

一个质点的"历史"，或者说它在时空中的"经历"（不是在空间中的轨迹），是由一系列连续地相继发生的事件构成的，故在时空图中是一根曲线（特殊情况下是直线），称为质点的"世界线"．例如一个静止于 S 系原点的质点，它的世界线就是 $x_4(=\mathrm{i}ct)$ 轴．图 2.5.2 中，直线 OE 是一条沿 $+x_1$ 方向以匀速 v 运动的质点的世界线．在 $t=0$ 时，质点通过坐标系的原点．由质点的运动方程 $x_1 = vt$ 可知，OE 与 x_4 轴交角 θ 的正切

$\tan\theta = x_1/x_4 = vt/(ct) = v/c$，$OF$ 是另一匀速运动质点的世界线，它沿 $-x_1$ 轴运动.

由 $v < c$ 可知，一切质点的世界线与 x_4 轴的交角不能超过 $45°$. 在极限的情况下，$\theta = 45°$，$\tan\theta = 1$，如图 2.5.2 中两虚线所示，它们分别代表沿 $\pm x$ 方向运动的光信号或"光子"的世界线. 光子的世界线把 x_1-x_4 平面上的事件（即发生在 S 系中的事件）划分为四个部分：在 I、III 区，任一事件与 O 事件之间的间隔 $s^2 = x^2 - c^2t^2 > 0$，II 和 IV 区的情况刚好相反，任一事件与 O 事件之间的间隔 $s^2 = x^2 - c^2t^2 < 0$. 必须指出的是，图 2.5.2 只是四维时空的 x_1-x_4 面上的投影. 可以想象，在 x_4 轴与其他轴构成的平面上也有与 x_4 轴成 $45°$ 交角的虚线，由此可知该两虚线实为一个叫做"光锥"的三维超锥面在 x_1-x_4 面上的交线，"光锥"把四维时空分成三个部分：上半光锥内的事件为绝对未来事件，下半光锥内的事件为绝对过去事件，光锥以外的事件为绝对远离事件（注意：从四维时空的角度看，图 2.5.2 中的 I、III 区是连通的）.

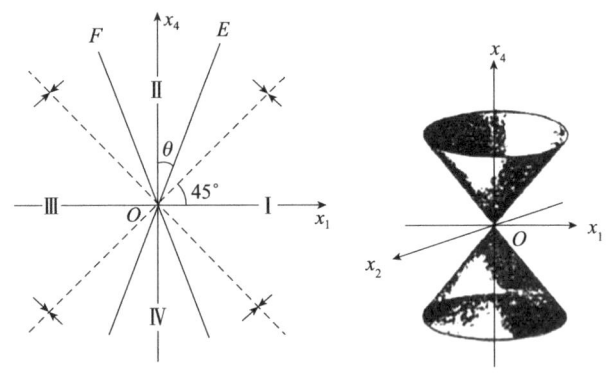

图 2.5.2 世界线和光锥示意图

绝对未来事件、绝对过去事件

在图 2.5.2 中的 Ⅱ、Ⅳ 区，任一事件与 O 事件之间的间隔 $s^2 = x^2 - c^2t^2 < 0$，通常称为类时区，如图 2.5.3（a）所示．在两事件发生的时间间隔里，光波通过的距离大于这两事件发生地之间的距离．因此这两事件之间可以有因果关系．由洛伦兹变换，总能找到一个合适的坐标系，在其中，上述这两个事件发生在同一地点，甚至前后位置颠倒，故这两事件又称为似同地事件．另外，绝不可能找到一个坐标系，能使这一对似同地事件发生在同一时刻，即它们是一对绝对过去和绝对未来的事件，故不会存在因果关系颠倒的问题．上半光锥内的事件是绝对未来事件；下半光锥内的事件是绝对过去事件．像任何自然科学一样，相对论不能违反普适的因果规律，即因果不能颠倒，或说事件发生的先后时序不能颠倒．例如猎人开枪射鸟，无论在哪个参考系观测，总会得到先开枪鸟才中弹的结果，不可能观测到鸟中弹先于猎人开枪的结果．

绝对远离事件

在图 2.5.2 中 Ⅰ 区和 Ⅲ 区，任一事件与 O 事件之间的间隔 $s^2 = x^2 - c^2t^2 > 0$，称为类空区，如图 2.5.3（b）所示．在两事件发生的时间间隔里，光波来不及通过这两事件发生地之间的距离．因此这两事件之间不会有因果关系．由洛伦兹变换，总能找到一个合适的坐标系，在其中上述这两个事件发生在同一时刻，甚至先后时序颠倒，但因光波来不及通过这两事件发生地之间的距离,故这两事件之间各不相干,没有因果关系,也就不存在因果关系颠倒的问题.另外,绝不可能找到一个坐标系,能使这两事件发生在同一地点,即它们是绝对远离事件.这两事件称为似同时事件.

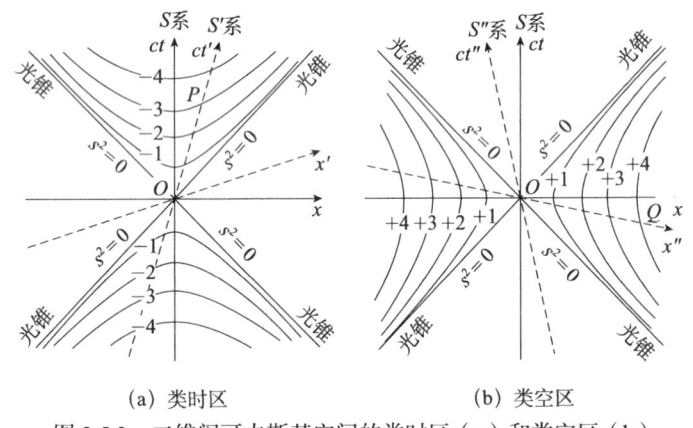

(a) 类时区　　　　　　　　(b) 类空区

图 2.5.3　二维闵可夫斯基空间的类时区(a)和类空区(b)

相对论不承认绝对的时间与不变的空间,而认为不同的参考系有不同的尺和钟.在这个意义上,它的时空观是"相对的".但是这种相对性并不意味着任何主观任意性.归根到底,它只不过是光速不变性这一客观事实的反映,光速不变性还规定了事件的"间隔"是绝对的,是不随参考系而异的.这是狭义相对论时空观中相对和绝对的统一,也是时间和空间统一性的鲜明表现.总而言之,相对论认为时间和空间密不可分,共同构成称为"时空"的四维统一体(数学上称为"四维流形"或"四维空间").

相对论的前提和结论,绝大多数都经过科学实验证明了，它不只在高科技中表现出来，在日常生活中也都产生了越来越大的影响．试看微观世界中粒子物理的研究和发现，宏观世界中核弹和核能发电的研究和实践，宇观世界中天体物理和近代宇宙学的进展和新发现，都离不开相对论的理论基础．目前交通系统，乃至许多智能手机上安装的全球卫星定位系统（GPS），都因相对论效应而存在卫星钟和地面钟快慢不一的情况，要随时修正才有实用意义[①]．

> **选 读**
>
> ### 时空间隔的协变性的推论
>
> #### 一、运动的钟变慢
>
> 从间隔的协变性容易得出运动的钟变慢．
>
> 设在 S 系中有一个以速度 v 沿 x 轴运动的钟．让我们把"运动钟的读数为 t_1'"称为事件 1，而"运动钟的读数为 t_2'"称为事件 2．在一个与此钟相对静止的 S' 系中，事件 1 和 2 是"同地"发生的，即 $\Delta x' = 0$，故两事件的间隔 $\Delta s'^2 = -c^2(t_2' - t_1')^2 = -c^2 \Delta \tau^2$，$\Delta \tau$ 称为"固有时"．另外，在 S 系中，若事件 1 和 2 分别发生在 (x_1, t_1) 和 (x_2, t_2)，则两事件的时间坐标差为 $t_2 - t_1$，空间坐标差为 $x_2 - x_1 = v(t_2 - t_1) = v\Delta t$．由间隔的协变性得
>
> $$(v\Delta t)^2 - c^2 \Delta t^2 = \Delta s^2 = \Delta s'^2 = -c^2 \Delta \tau^2$$
>
> 由此解得

[①] 郑庆璋，罗蔚茵．全球定位系统GPS的相对论修正．物理通报，2011，(8)：6．

$$\Delta t = \Delta \tau / \sqrt{1-v^2/c^2}$$

这正是 2.1 节所得到的结果.

二、运动的尺缩短

从间隔的协变性也很容易求出运动的尺缩短.

为了测量 S 系中一把平行于 x 轴且沿 x 轴以速度 v 运动的尺子的长度,必须同时记下它两端的位置.同时记下"右端位置"和"左端位置"意味着这两个事件的时间坐标差 $\Delta t = t_2 - t_1 = 0$,而空间坐标差 $\Delta x = x_2 - x_1 = l$,就是运动的尺子在 S 系中的测量长度.另外,在该尺相对静止的 S' 系,上述两事件不再是同时发生的,由洛伦兹变换公式可算得

$$\Delta t' = t_2' - t_1' = \frac{t_2 - vx_2/c^2}{\sqrt{1-v^2/c^2}} - \frac{t_1 - vx_1/c^2}{\sqrt{1-v^2/c^2}} = \frac{v(-l)/c^2}{\sqrt{1-v^2/c^2}}$$

S' 系中两事件的空间坐标差 $\Delta x' = x_2' - x_1' = l_0$ 正是在相对静止的 S' 系中的长度,称为固有长度,再一次利用间隔的协变性,就有

$$l^2 = \Delta s^2 = \Delta s'^2 = l_0^2 - c^2 \Delta t'^2 = l_0^2 - c^2 \frac{v^2 l^2/c^4}{1-v^2/c^2}$$

由此解得

$$l^2 = l_0^2(1-v^2/c^2)$$

或

$$l = l_0\sqrt{1-v^2/c^2}$$

这就是前面所提过的尺缩公式.

2.6 趣谈狭义相对论的几个疑点[①]

以上几节我们对狭义相对论中运动学和动力学的基本原理和定理都进行了讨论，下面就来谈谈大家常常提出的有关狭义相对论的几个疑点，这些都是很有趣的问题．

一、如何正确理解光速不变原理？

"真空中光速不变原理"是我们很熟悉的基本概念，但初学者往往对此概念比较模糊，并有些困惑．在此，我们指出正确理解这一概念的三个要领．

第一，所谓"光速不变"，指的是在"同一惯性系中任何时空点"测量时，真空中光速总是具有不变的 c 值，这是狭义相对论的基本原理之一．

第二，在某一惯性系中，通过洛伦兹变换可知，在任何另一惯性系中，其真空光速仍是 c，即从一个惯性系通过洛伦兹变换，推算另一惯性系中测量到的真空中光速也应该是不变的 c 值，这则是狭义相对论的推论．

第三，必须注意这并不等于说，在惯性系 S 中观测另一惯性系 S' 中的"相对光速"总是 c．下面我们通过例子来领会这三个要领．

例如，如图 2.6.1 所示，在 S 系中（以它自己的尺和钟）

[①] 本节的主要内容，曾发表于"罗蔚茵，郑庆璋．狭义相对论教学中的误区析疑．物理通报，2012，（6）：20-23"，此处有所修改和补充．

观测一艘以 $c/2$ 的速度向前飞行的飞船,飞船在 A 点向后发射一束光子.1秒钟后飞船到达 B 点,而光子则到达 C 点;显然,B、C 间的距离为 $3c/2$;换句话说,在 S 系中观测,光子相对于飞船的速度为 $3c/2$. 如果飞船向前发射光子,则易见此情况下光子相对于飞船的速度为 $c/2$.

```
        c              c/2
●───────────────●───────────●
C               A           B
```

图 2.6.1 相对不同的参考系的光速

由此可见,在 S 系用自己的尺和钟观测,与飞船联系在一起的 S' 系中,其表观的相对光速并不总是 c. 然而在惯性系飞行的飞船中用飞船自己的尺和钟测量时,真空中光子的速度总是具有不变的 c 值(不论飞船是向前或向后发射光子). 至于从惯性系(S 系)通过洛伦兹变换推算另一惯性系 S' 中测量到的真空中光速也应该是不变的 c 值.

换言之,即地面参考系(S 系)观测到飞船在图 2.6.1 中 A 处向右的飞行速度为 $c/2$,而同时又观测到飞船向前或向后发射速度为 $\pm c$ 的光子,因此它得到光子相对于飞船的表观的相对光速为 $3c/2$ 或 $c/2$;而对于飞船,按相对论的速度合成公式,向前或向后发射速度为 $\pm c$ 的光子,这两种情况均可得到光子对于飞船的光速为 c.

还有一种情况,是引力场中光速变慢(将在广义相对论中讨论). 在引力场中任何一处"局部惯性系"中的观测者,他观测到当地的真空中光速总是不变的 c;而在远处(引力场可以忽略的惯性系)观测者观测引力场中的光速时,就会得到

光速小于 c 的结果. 在"雷达回波实验"中, 地球上的观测者用地球上的尺和钟测量, 就会发现光(这里是雷达波)在太阳的引力场附近速度变慢.

二、哪一个钟慢了？

许多读者在学习狭义相对论中运动钟变慢的结论后，自然地会问：乙钟相对甲钟运动，乙钟变慢；但运动是相对的，也可以说，甲钟相对乙钟运动，则应是甲钟变慢. 两个做相对运动的观测者，都说对方的钟变慢了. 到底谁对呢？必须指出，这里讨论的是时钟的走时率变慢问题.

问题的关键在于：两个钟是相对运动的，只有在相遇的一瞬间才能直接彼此核对读数，此后就只能靠同一参考系中互相对准了的钟来比较. 换句话说，在"静止"参考系中的观测者，只能用多个静系对准了的钟来测量运动钟的走时率快慢.

举一个具体例子，假定 S' 系以速度 $v=0.866c$ 相对于 S 系运动. 按相对论的时间膨胀效应计算， S' 系的钟的走时率应是 S 系的钟的一半. 如图 2.6.2（a）所示， S' 系的 T' 钟在 A 处于 0:00 时刻， T' 钟与 S 系的 T_A 钟对准，同处于 0:00 时刻，此刻 S 系在 B 处的 T_B 是与 T_A 钟对准了的，也处于 0:00 时刻. 再看图 2.6.2（b）， S 系的钟 T_A 和 T_B 走过 6 小时后， S' 系的 T' 钟到达了 B 处，它的指针指在 3:00，而处在同一位置的静钟 T_B 的指针却指在 6:00，即运动钟（ S' 系的 T' 钟）的走时率是静钟（ S 系的钟）的走时率的 1/2.

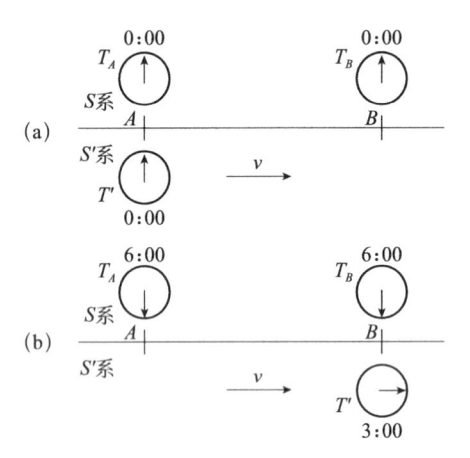

图 2.6.2 从 S 系看 S' 系

反过来从 S' 系的角度观测. 问题是 S' 系的观察者并不认同 S 系中的各钟 T_A、T_B 是对准了的（回顾一下同时的相对性）. 如图 2.6.3（a）所示, 在他看来, S' 系各处的钟都是对准了的, 并且在 0:00 时刻 A 处 T' 钟与 S 系的 T_A 钟对准. 但是他认为 S 系 T_B 钟是超前的, 其超前读数可通过洛伦兹变换公式计算得到 4.5 小时（读者可自行验证）. 即在 0:00 时刻 S' 系的观察者认为 S 系的 T_B 钟的指针已指在 4:30 时刻处. S' 系的观察者认为, S 系以速度 $-v$ 运动, T_B 钟迎面朝他而来, 如图 2.6.3（b）所示. 当 T_B 钟与 T' 钟会合时, T' 钟的指针指在 3:00, 而 T_B 钟的指在 6:00. 在他算起来, 在这 3 小时里, T_B 钟走了（6−4.5）=1.5（小时）, 自己的静钟的走时率比迎面朝他而来的运动钟快一倍, 还是符合运动钟走时率变慢的结论.

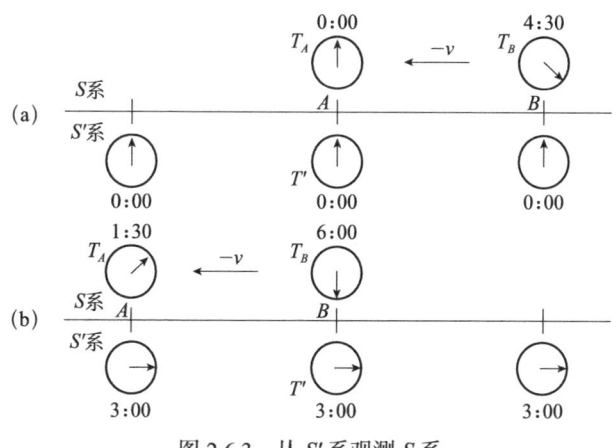

图 2.6.3 从 S' 系观测 S 系

由此可见，两个做相对运动的观察者互相认为对方的钟走时率慢了，问题出在对钟上．按相对论理论，两个参考系各处的钟不能同时对准．一参考系内各处相互对准了的钟，在另一参考系看来是没有对准的．正如上面指出的，两个钟是相对运动的，只有在相遇的一瞬间才能直接彼此核对读数，此后就只能靠同一参考系中互相对准了的钟来比较．换句话说，"静止"参考系只能用多个对准了的钟来测量运动钟的走时率．反过来，从运动钟的角度看又如何呢？问题是运动钟（参考系 S'）并不认同"静止系 S"（对它来说是运动系）中的各个钟是对准了的，它认为前方的钟超前，所以当它们相遇核对读数时，仍然能够得到对方运动钟的走时率变慢的结论．由此可见，对于做相对运动的 S 系和 S' 系，不论从哪个参考系的观点来看，都是"运动钟"的走时率变慢．这反映了相对论的自洽性．对钟问题对理解相对论的原理是至关重要的问题，这在一些科普读物上有论述，我们又提供具体的例子来说明，或许对读者的理解有所帮助.

三、哪一把尺缩短了？

两个做相对运动的观测者，都说对方的尺缩短了.到底谁对呢？关键在于我们对长度的测量约定：所谓尺在某一参考系（例如 S 系）中的长度，是指它的首尾在该参考系中"同时"记录下的长度.所谓运动钟在某一参考系中走过一段距离的时间间隔，指的是该钟始末两个位置在当地（例如 S 系）对准了的两钟时差.为了更好地理解为何两个做相对运动的观测者，都说对方的尺缩短了，在这里我们也给出一个具体的例子来说明.

我们知道，两点之间的长度是用光速乘以光通过这两点之间的时间间隔来计量的，为了讨论方便，下面我们取光速 $c=1$，于是长度的单位就和时间一样了.例如时间的单位为 1 秒，长度的单位就是 1 光秒.如图 2.6.4 所示，设 S' 系相对于 S 系以 $v=0.8$ 的速度沿 $+x$ 方向运动.从 S' 系看 S 尺，它以速度 $-v$ 相对自己运动，按洛伦兹收缩公式，从 S' 系来看 S 系中单位长度的尺子，其长度与 S' 系中长度为 0.6 的尺子一样长（图 2.6.4（a）），即 S' 系认为运动系 S 系的长度缩短了.那么，从 S 系来看运动系 S' 系中这把长 0.6 的尺子有多长？它的长度等于 1 吗？否！因为在 S 系中观测，这把 S' 尺在 0 时刻与自己单位长度的尺子起点重合，在 $t=0.8$ 时刻与终端重合（S' 系中的观察者认为尺子两端的钟是同时对齐了的，即 $t=0$，

而自己尺子的长度 $x' = 0.6$）. 在这段时间里 S' 尺的两端移动的距离都是 $0.8 \times 0.8 = 0.64$，即在 $t = 0$ 时刻，S' 尺的终端在 $x = 1 - 0.64 = 0.36$ 处；在 $t = 0.8$ 时刻，S' 尺的起点在 $x = 0.64$ 处（图 2.6.4（b））. 从 S 系来看，这把 S' 尺的长度只是 0.36，这也是符合洛伦兹收缩公式的.

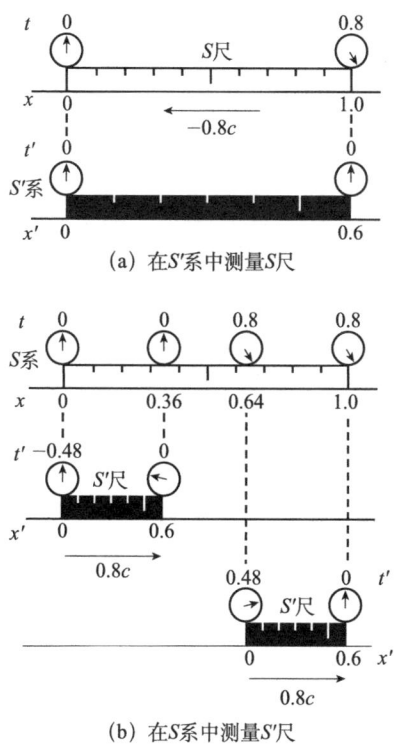

(a) 在 S' 系中测量 S 尺

(b) 在 S 系中测量 S' 尺

图 2.6.4 哪把尺缩短？

四、高速运动物体的测量形象和视觉形象

自从爱因斯坦 1905 年发表狭义相对论奠基性论文——

《论动体的电动力学》之后的半个多世纪，人们（包括一些科学家和科普工作者）把洛伦兹收缩认为是一种观察效应，以为是可以看到或用照相机拍摄到的．爱因斯坦在 1905 年也说过，"……一切运动着的物体——从静系看来——都缩成扁平的了．"著名的美国天体物理学家和科普工作大师 G. 伽莫夫在他的科普著作《物理世界奇遇记》中，就描述了汤普金斯先生在高速运动时看到的人和物变扁，自行车的轮变椭圆等"现象"，如图 2.6.5 所示．

图 2.6.5　汤普金斯先生认为高速运动时看到的街景示意图

1959 年戴勒尔（J. Terrell）指出，洛伦兹收缩不是一种观察的效应，高速运动物体的视觉形象在一定条件下，其实是物体转过一个与速度有关的角度的形象，接着，大物理学家韦斯科夫（V. F. Weisskopf）又对此效应作了较精彩的评述．实际上，长期以来之所以把洛伦兹收缩与观测者的视觉效应等同起来，根本的原因就在于误解了狭义相对论有关的测量概念．

狭义相对论中关于长度和时间的测量概念是极其重要的基本问题．它对正确理解相对论的结果和意义是必不可少的．通常我们说运动的尺子缩短或运动的钟变慢,是用什么方法测量到的?正确的测量方法是这样的:假定基本参考系(静系)为 $S(Oxy)$ 系(为简单起见,暂时只考虑平面的情形),作与坐标轴平行且等距离的直线,便构成了一个正方形的网络,如图 2.6.6 所示,设想 S 系的观测者在所有的网格点上都分别安置一个携带着相同标准尺和已对准的标准钟,做了这样的安排后,我们便可以对运动钟的走时慢和运动尺的长短进行测量了.具体的测量方法可参考《高速运动物体的测量形象和视觉形象》[①]一文,在此从略.

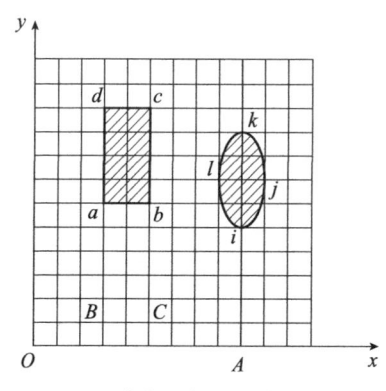

图 2.6.6 直角坐标系及其上的网络

由洛伦兹变换公式知,如果运动物体是一个立方体,由于垂直运动方向的长度不变,它的测量形象是一个沿运动方向压扁了的正方体,它在 xy 平面上的投影如图 2.6.6 中的 $abcd$ 所示.同样,一个沿 x 方向运动的球,在 S 系的测量形象为

---
① 郑庆璋,罗蔚茵.高速运动物体的测量形象和视觉形象.大学物理,1984,1(5):13-16.

一个沿运动方向压扁了的旋转椭球,它在 xy 平面上的投影如图 2.6.6 中 ijkl 所示的椭圆.由此可见,高速运动物体的测量形象确实是沿运动方向被"压扁"了,这是由狭义相对论关于时间和长度的测量约定所导致的结果.总之,高速运动物体的测量形象,是物体在基本参考系中同一时刻记录下来的形象,有人把这种形象称为"world-map".

如果观测者用眼睛看或用照相机拍摄高速运动物体的形象,则所得的是物体的视觉形象.视觉形象是物体上各点所发出的光线在同一时刻到达视网膜(或照相感光片)上所成的形象,有人把这种形象称为"world-picture".高速运动物体的视觉形象不能简单地描述为按洛伦兹收缩所规定的被"压扁"的.

高速运动物体的测量形象和视觉形象,是两个不同的概念,不能混为一谈.洛伦兹收缩是相对论的测量效应,它和物体的测量形象是密切对应的.物体的视觉形象并不和洛伦兹收缩直接对应,它还与观看或拍摄的具体情况(如观看的角度、张开的视角、双目效应等)有关,它不像测量形象那样直接由相对论效应确定.因此,物体的测量形象才是反映物体高速运动的相对论效应更为本质的形象.

五、孪生子效应及其狭义相对论解释[1]

孪生子佯谬(twin paradox)[2]问题,是狭义相对论中争论

---

[1] 罗蔚茵,郑庆璋.孪生子效应析疑.大学物理,1999,18(6):1-5.
[2] 也称"双生子佯谬".

第2章 狭义相对论很奇异吗？

最为激烈、最为持久的问题.设想一对年华正茂的孪生兄弟,哥哥告别弟弟,登上访问牛郎星、织女星的旅程.归来时,哥哥仍是风度翩翩的少年,而前来迎接他的胞弟却是白发苍苍老翁了.这真应了古代神话里"天上方一日,地上已千年"的说法!且不问这是否可能,从逻辑上说得通吗？按照相对论,运动不是相对的吗？上面是从"天"看"地",若从"地"看"天",还应有"地上方一日,天上已千年"的效果.为什么在这里天（航天器）、地（地球）两个参考系不对称？这便是通常所说的"孪生子佯谬".

从逻辑上看,这佯谬并不存在,因为天、地两个参考系的确是不对称的.从原则上讲,"地"可以是一个惯性参考系,而"天"却不能.否则它将一去不复返,兄弟永别了,谁也不再有机会直接见面,评估出对方的年龄."天"之所以能返回,必有加速度,这就超出了狭义相对论的理论范围,需要用广义相对论去讨论.广义相对论对上述被看作"佯谬"的效应是肯定的,认为这种现象能够发生,称之为"孪生子效应".

然而,实际上"孪生子效应"真的可能吗？在这个有了精确度极高的原子钟时代,用仪器来做模拟的"孪生子效应"实验已成为可能.实验是于1971年完成的：将铯原子钟放在飞机上,沿赤道向东和向西绕地球一周,回到原处后,分别对比静止在地面上的钟,上述实验结果与广义相对论的理论计算比较,在实验误差范围内相符.因而,我们今天不再说"孪生子佯谬",而应改称"孪生子效应"了.

孪生子效应可以从狭义相对论和广义相对论两个层次来

进行理论上的解释，但即使仅从狭义相对论的层次来解释也能自圆其说，且近似程度相当好．下面我们用一个具体的例子来讨论，通过本例的讨论还可以加深我们对狭义相对论中有关时空效应的理解．

假定孪生子甲乘宇宙飞船以速度 $v = 0.8c$（c 为真空中的光速）到离地球 8 光年的天体去旅行，到达目的地后立刻掉头以同样的速度飞回来．显然，在此过程中地球上的孪生子乙总共经历了 20 年的时光，即增长 20 岁；而从他所处的参考系——地-天系（S 系）观测，甲所处的运动参考系——飞船系（S' 系）上的钟走时率变慢，变慢率为 $\sqrt{1-(0.8c^2)/c^2} = 0.6$，即此过程中甲的年龄只增长 12 岁．这是地-天系（S 系）观测的结果，然而从甲所处的飞船系（S' 系）观测，S 系的钟应变慢，即乙所增长的年龄应比甲小．这种表面看来不自洽的情况应如何解释呢？

首先，必须指出，若起飞时地球钟和飞船钟都同样校准为零，则对 S' 系来说，它各处的钟都同时对准为零，而它观测到地-天系（S 系）的钟并没有对准．按洛伦兹变换可知，在天体处的钟所指的时间应为 6.4 年，如图 2.6.7（a）所示；此外，按洛伦兹收缩，地-天间的距离缩短为 0.6×8 光年 $= 4.8$ 光年，因而天体"飞到"飞船处所经历的时间为 4.8 光年 $/0.8c = 6$ 年，而又由于时缓效应，S' 系观测到 S 系的钟只走过了 0.6×6 年 $= 3.6$ 年，即飞船与天体相遇时，天体钟正好指在（$6.4 + 3.6$）年 $= 10$ 年，见图 2.6.7（b），与在 S 系中计算的结果一样！

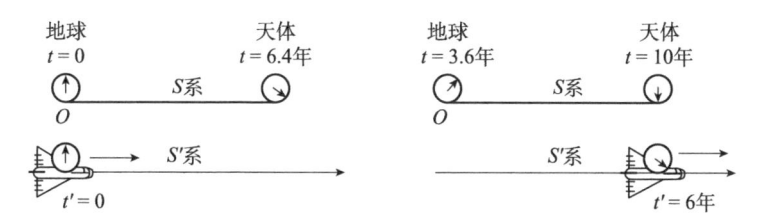

```
地球              天体                    地球              天体
t = 0           t = 6.4年                t = 3.6年         t = 10年
 ↑      S系      ↓                        ↑      S系       ↓
 O                                        O
      ──→ S'系                                      S'系 ──→
  ↑                                                        ↑
  t' = 0                                                   t' = 6年
```

(a) 飞船告别地球时各钟所指示的时刻　(b) 飞船到达天体时各钟所指示的时刻

图 2.6.7　飞船从地球飞向天体示意图

假定飞船与天体相遇后迅速调头，以原来的速率往回飞．若忽略调头所需的时间，则调头后的飞船处于另一个惯性系 S'' 系，其中各处的钟也是对准了的，此时天体钟指在 10 年上，而观测到在以相对速度 $v = 0.8c$ 运动的 S 系（地-天系）上的各钟并没有对准，地球钟比天体钟超前 6.4 年，即应指在 (10 + 6.4) 年 = 16.4 年上，见图 2.6.8（a）．然后在 S'' 系中观测到地球飞向飞船，此过程中 S'' 系的钟走过了 6 年，而 S 系的钟只走过了 3.6 年，即当飞船与地球重聚时，飞船钟指在 12 年上，而地球钟却指在 (16.4 + 3.6) 年 = 20 年，即乙老了 20 岁，而甲只老了 12 岁，见图 2.6.8（b）．

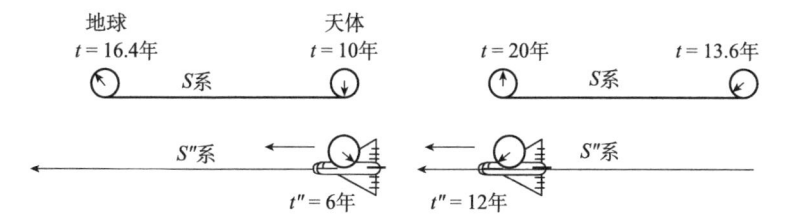

```
地球              天体                    t = 20年          t = 13.6年
t = 16.4年        t = 10年
 ↑      S系       ↓                       ↑       S系       ↓

←── S''系         ↑                        ↑       S''系 ──→
                  t'' = 6年                t'' = 12年
```

(a) 飞船飞离天体时各钟所指示的时刻　(b) 飞船回到地球时各钟所指示的时刻

图 2.6.8　飞船从天体飞向地球示意图

以上用狭义相对论的时空理论解释了孪生子效应,但我们仍可以提出一些值得思考的质疑.这些问题我们留给读者进一步思考.

(1)忽略飞船调头时加速阶段是否合理?

(2)果真会出现"返老还童"现象吗?

(3)孪生子如何得知对方时光流逝的情况?

在狭义相对论的框架内,忽略飞船起飞、转弯、掉头和降落等前提下,可以得到自洽的正确结果,但它存在根本的理论缺陷.从本质上讲,孪生子佯谬已超出狭义相对论所处理的惯性参考系之间的变换问题,因为孪生兄弟飞船的起飞、转弯、掉头和降落等都牵涉到加速度问题,这显然是属于广义相对论的范畴,因此应该用广义相对论的理论分析孪生子佯谬.

六、在光子火箭上可以通信吗?

"在光子火箭上能够与地球进行正常的通信联系吗?"这是个富有幻想色彩的科学性问题.在回答这个有趣的问题之前,我们首先要指出,火箭之所以能够在太空中加速飞行,靠的是向反飞行方向喷射物质所产生的反冲力.有关火箭原理的计算表明,喷出物的速度越大,火箭最终所能达到的速度也越大.根据狭义相对论的原理可以知道,光子在真空中的运动速度——光速是物质世界中最大的运动速度,没有任何物质的运动能够超过真空中的光速.因此,用光子作为喷出物的光子火箭,无疑是可以达到其他类型的火箭所不能比拟的最大速度的，这就是光子火箭的优越之处.但是，狭义相对论又指出，只有像光子（还有中微子等）那样静质量为零的物质，才可能以真空中的光速运动，其他静质量不为零的物体（例如光子火箭）无论怎样加速也不可能达到这个极限速度.也就是说，静质量不为零的光子火箭本身的速度最多只能接近光速，而永远不可能达到光速.当然，光子火箭目前还只是一个未曾实现的科学幻想，因此，有关光子火箭上的通信问题，还未能进行直接的实践检验，我们只能根据狭义相对论原理来粗略地探讨一下.

假设光子火箭相对于地球正以某种小于光速的速度做惯性运动.就目前的设想，它所使用的通信手段不外乎是无线电波或光波，狭义相对论中著名的"光速不变原理"指出，真空中光的传播速度在各个方向都是相同的，与光源的运动无关，也就是说，无论火箭和地球的相对运动方向如何，在地球上或在火箭上所观测到的光的信号在真空中的传播速度都一样，而上面已讨论过，光子火箭的运动速度又总是比真空中的光速要小，由此可知，不管光子火箭相对于地球的运动方向如何，总是可以通过光（或无线电波）信号和地球进行通信的.

但是，如果要问这种通信是否"正常"，我们可以说，在某种意义下，它是很不正常的，它和我们日常经验的通信情况大不相同，这主要是由于做高速运动的物体有一个"时钟变慢"的相对论效应.根据狭义相对论的原理，对某个观测者来说，相对他做高速运动的时钟，比相对他静止的时钟要走得慢些，例如，若有一架光子火箭正以 $0.8c$ 的飞行速度离我们而去，假定我们每年元旦都向它发去一封贺年电报，那么，光子火箭上的乘客每隔多久才能接收到我们的一份贺电呢？首先，必须考虑由于光子火箭离信号源（地球）越来越远，以致延长了接收电报的周期，我们按地球上的时钟来推算，光子火箭必须每隔五年才收到一封贺年电报，但由于时钟变慢的相对论效应，光子火箭上的乘客按他的时间观念是每隔三年收到我们的一封贺年电报．当火箭调头以同样的速度向我们飞来时，时钟变慢的相对论效应还是一样的，但由于火箭和地球相向接近，收报的周期缩短了，两种因素的结果，使得光子火箭上的乘客每隔四个月就可以收到我们的一封贺年电报．

一般来说，背着我们离去的火箭接收到我们的信号的频率会减少，即信号的波长会变长．例如，如果我们使用的信号是黄色的可见光，光子火箭所接收的信号会变成长波的红光，所以，这种现象叫做波长的"红移"．反之，当光子火箭向我们靠近时，它所接收的信号波长要变短，黄光变成了短波的蓝光，这叫做波长的"蓝移"．总而言之，如果我们按通常情况那样，把通信的内容按调频或调幅的办法用光信号（或无线电信号）发出去，则光子火箭中的乘客会接收到频率变化了的信号，这样就看不到原来的图像，颜色会变红或变蓝，而且图像发生畸变，或者是听不到原来的声音，音调发生了畸变．

不过，如果我们和光子火箭的乘客掌握了有关高速运动的客观规律，就完全可能按科学规律把观测和接收到的信号"翻译"过来，这样就可以像通常的情况那样进行"正常"的通信联系了．

第 3 章

广义相对论有多奥妙？

量子力学奠基人之一，1954 年诺贝尔物理学奖获得者玻恩（M.Born）评价："广义相对论是人类认识大自然的最伟大的成果，它把哲学的深奥、物理学的直观和数学的技艺令人惊叹地结合在一起；它也是一件伟大的艺术品，供人远远欣赏和赞美."中国科学院院士甘子钊在《世纪之交的物理学》一文中也赞美"狭义相对论，特别是广义相对论，以它深邃的思考，严整的形式和美丽的表述，震撼着一代又一代的物理学工作者的心灵."本章试图以尽量深入浅出的物理图像，避免过于繁深的数学，让读者欣赏广义相对论的优美和奥妙.为了建立广义相对论，爱因斯坦付出了十年艰苦的努力，他曾说[①]："在黑暗中焦急地探索着的年代里，怀着热烈的想望，时而充满自信时而精疲力竭，而最后终于看到了光明，所有这些，只有亲身经历过的人才能体会到."爱因斯坦这种勇于探索科学的精神境界值得我们后人赞赏和学习！

---

① 爱因斯坦.爱因斯坦文集.第一卷.许良英，李宝恒，赵中立，等编译.北京：商务印书馆，1976：323.

3.1 狭义相对论遗留的问题

狭义相对论取得了巨大的成就,但也遗留了一些重大的问题,其中之一是关于万有引力的问题.引力是自然界中最普适的一种基本相互作用.牛顿在 1687 年的巨著《自然哲学的数学原理》中提出了万有引力定律,统一了地球上的引力现象和天体的运动规律.万有引力定律是人类早期发现的最成功的自然规律.由于它在描述引力现象时非常成功,在广义相对论诞生前的二百多年间,牛顿万有引力定律被广泛接受.

细心的读者会注意到,迄今在狭义相对论中我们还没有讨论自然界中普遍存在的一种作用——万有引力.是不是因为万有引力与其他类型的相互作用相比,如电磁力之类,显得太弱,因而可以忽略不顾呢?不是的.在微观范围内,万有引力固然比电磁力弱得不可比拟.例如在氢原子中,质子和电子之间的库仑(电)力,是它们之间的万有引力的 10^{39} 倍,但是,在宇宙天体的范围内,在质量高度集中的情况下,万有引力无疑是起主导作用的.例如,计算表明,太阳对地球的万有引力,比拉断直径等于地球直径那么粗的钢索所需的力还要大!由此可见,万有引力并非总是无足轻重的.那么,为什么在狭义相对论中要回避万有引力呢?根本的原因是经典的万有引力定律——牛顿万有引力定律与狭义相对论的框架不相容!

第3章 广义相对论有多奥妙？

一、引力作用不应是超距的

在牛顿的万有引力定律中，引力是物质之间的一种相互吸引力的超距作用．1905年爱因斯坦提出了狭义相对论．狭义相对论认为所有的惯性系都是等价的；任何信号的传播都需要时间，最高速度是光速．因此，牛顿万有引力定律本身固有的超距作用，这与狭义相对论无法兼容．质量为 m_1、m_2，相距为 r_{12} 的两质点之间，按照牛顿万有引力定律，相互作用的万有引力的大小为

$$f = G\frac{m_1 m_2}{r_{12}^2} \qquad (3.1.1)$$

式中，$G = 6.67 \times 10^{-11} \text{ m}^3/(\text{kg} \cdot \text{s}^2)$，为引力常量．这个式子的含义是什么？设 m_1 相对于 m_2 反复振动，按照式 (3.1.1)，m_2 受到的引力 f 也应该同 r_{12} 同步地发生周期性的变化．就是说，在 r_{12} 最大的同一个瞬间，引力也最小；反之亦然．m_1 所发生的变化，立刻就在 m_2 处得到反映．可见，式 (3.1.1) 反映的是"超距作用"，即物体间的引力相互作用是瞬时即达的；或者说，引力相互作用的传播速度为无穷大．这显然与狭义相对论的信号传递速度以光速为极限相矛盾．顺便指出，引力相互作用同电磁作用的情况显然不相同．比如说，中央人民广播电台发送天线中电荷的振动，要在广州的收音机的天线上得到反映，是需要时间的．

二、万有引力定律不满足洛伦兹不变性

研究表明,万有引力定律式(3.1.1)也是不满足狭义相对论关于洛伦兹不变性的要求的(具体的证明从略).读者可能会问:难道电磁现象中的基本规律——库仑定律不也是和牛顿万有引力定律有类似的形式吗?为什么电磁定律能适合狭义相对论的框架呢?是的,静电场中的库仑定律和牛顿万有引力定律同样是平方反比定律,因此它所反映的也是超距作用.库仑定律作为电磁场的基本定律,它不是合适的形式,它必须发展为像麦克斯韦方程组的场方程形式.电磁场是一个不可分割的整体,它所有的基本定律(包括像电磁感应那样的定律)一起决定了电磁相互作用是以电磁波的形式传播的,它的传播速度是有限的(即等于光速).

牛顿万有引力定律固然也可以用场的观点推广为同样的形式,但仅此而已.它没有像电磁感应那样地反映电磁场随时间变化的相互关系.或者可以这样说,它只有静电场的类似物,却没有磁场的类似物,不像一个统一的、变化的电磁场.所以,结果所反映的仍然是瞬时即达的超距作用.电场强度 E(由此而推及到库仑定律)在不同的惯性系是不同的.这就是说,孤立地看库仑定律或者由它导出的场方程,也不是协变的.问题在于,一般来说电场和磁场同时存在,它们在变换中彼此消长,只有在某些特殊的参考系中,才能看到孤立的电场(静电场)或磁场.从这方面来看,经典的引力理论只存在与静电库仑定律相应的牛顿万有引力定律,而没有与磁场有关定律相应

的任何东西.因此,它无疑不能满足洛伦兹变换的不变性要求,也就无怪乎它与狭义相对论的框架不相容了.

在1908~1914年,爱因斯坦做了不少尝试,企图建立一个和狭义相对论相互协调的引力理论,当时,包括庞加莱和闵可夫斯基在内的一些物理学家都在找寻一个能够将牛顿引力理论和狭义相对论相结合的新理论,但都没有成功.

三、惯性参考系和"绝对空间"存疑

事实上,除了万有引力问题之外,狭义相对论还有另一个重大的原则性问题有待解决,这就是关于"惯性参考系"的问题.惯性参考系在狭义相对论中是一个基本概念,它是从牛顿力学体系中承袭下来的.多少年来,人们习惯了这一概念.但是,如果认真地去审视一下,那么其中的问题还真不少.首先要弄清楚什么是惯性系,通常把惯性系定义为不受外力作用的物体在其中保持静止或匀速运动的状态而不变的坐标系,但是什么是不受外力的作用呢?回答是当一个物体在惯性系中保持静止或匀速直线运动的状态不变时,它就没有受到外力作用.于是我们看到,定义"惯性系"要先定义"不受外力",而"不受外力"又要先定义"惯性系",我们陷入了逻辑上的同义反复循环,可见在狭义相对论中人们无法严格定义惯性系,这是理论的一个严重缺陷,这个问题和万有引力不具有洛伦兹协变性问题正是当年促使爱因斯坦发展广义相对论的原因.尽管人们能够指出一系列参考系可以足够近似地看作是惯性系,但在一个较大的范围内是否存在严格的惯性系,却是相当可疑的.前文中我们提到过,地球是一个近似的惯性系,因为在地面上所做的力学实验基本上都是遵从牛顿运动定律的.但是著名的"傅科摆"实验表明,它不是一个严格的惯性系(傅科摆实验可以理想化地描述如下:假想在北极或南极放置一个单摆,如果地球是一个严格的惯性系的话,摆的平面应是不变的;但事实上,它相对于地面约每24小时转一周).更精密的观测表明,由太阳和恒星组成的参考系也不是一个严格的惯性系.迄今为止,人们没有找到能覆盖较大时空范围的、严格的惯性系.

在牛顿力学的理论体系中,预设了一个所谓的"绝对空间".由此人们或许可以认为,相对于这个绝对空间为静止的物体,就是"绝对静止".按照这种观念,相对于绝对静止或匀速直线运动的参考系,就是惯性参考系.然而,我们知道,狭义相对论已经否定"静止"和"匀速直线运动"的绝对区分;那么,我们很自然地会进一步质疑:是否仍然需要有一个"绝对空间"作为惯性运动与非惯性("加速")运动的标准呢?所谓的绝对空间,本身空无一物;它决定性地影响着物质的运动,但本身却丝毫不受物质运动的影响.假设这样一种东西的存在看来至少是不自然的.但如果不做这样的预设,又根据什么从无数相对运动着的物体中挑选出"做惯性运动"的优越一族呢?

四、牛顿桶实验和马赫的评论

牛顿确信,"绝对空间"的观念对于他的理论体系是必不可少的.为了论证这一点,他提出过一个著名的实验,在物理学史上被称为"牛顿桶实验".牛顿描述道:"如果把一个桶吊在一根长绳上,将桶旋转多次而使绳拧紧,然后盛之以水,并使桶与水一道静止不动,接着在另一力的突然作用下,水桶朝相反方向旋转,因而当长绳松开时,水桶将继续这种运动若干时间;水面开始会与桶开始旋转以前一样是平的,但此后桶通过摩擦逐渐把它的运动传给水,使水面明显地旋转起来,并逐渐离开中心,向边缘升起,形成一个凹面……"牛顿认为,水和水桶的运动经历了三个不同的阶段(图3.1.1):(a)水与桶相对静止(都"不转"),并且水面是平的;(b)水与桶相对运动(桶"转"、水"不转"),水面仍是平的;(c)水与桶相对静止(一起"转"),但水面是凹的.据此,水面的形状跟水与桶之间的相对运动状态无关(在(a)和(b)两阶段水面都是平的),凹面的形成应归因于"真正的圆周运动"——即水对于"绝对空间"的旋转.牛顿认为,从这个实验来看,"转动必须被看作绝对运动",惯性运动和非惯性运动的区分是绝对的.因而,绝对空间的观念是必要的.

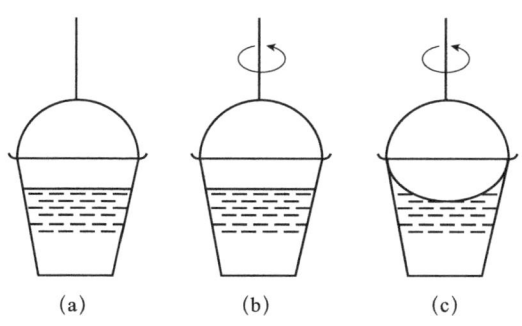

图 3.1.1 牛顿的水桶实验

这个论证似乎十分有力，但并非无懈可击．奥地利物理学家、哲学家马赫（E. Mach）对牛顿的观点提出了有力的反对意见．他认为，为了解释水桶实验，无须求助于"绝对空间"．使水面变凹的离心力仍然可以看作由相对运动产生，不过不是由于相对于桶壁的运动，而是相对于整个恒星背景的转动．他深刻地指出，"牛顿的旋转水桶实验仅仅告诉我们，水对于桶壁的相对旋转不产生任何显著的离心力，而它对于地球和其他天体质量的相对转动才产生这种力．没有一个人能断言，如果桶壁的厚度和质量都增加，直到桶壁厚达几英里[①]时，这个实验会有什么结果．"马赫不但坚持了"运动只是相对运动"的思想，并且进一步地认为物体的惯性是由宇宙中质量的分布所决定的，由于万有引力也取决于质量的分布，因而可以认为：惯性力和引力在一定意义上存在某种内在联系．这个思想，有时被称为"马赫原理"（预先在这里说说，若按广义相对论的观点得出的结果是有趣的：当厚达几英里厚的桶壁相对于恒星背景旋转起来而桶中的水则对恒星静止时，按照广义相对论，水面也会受桶的"拖曳"而变形）．这就涉及了惯性力的本质问题．普通力学教科书上谈到的惯性力似乎是一种虚幻的东西，它和别的真实的力一样可以拉长一个弹簧，使物体产生形变，也可以使物体产生加速度，但惯性力不是起源于相互作用，没有场源，也没有反作用力．引力起源于相互作用．它有场源，也有反作用力．如果我们承认下面将要介绍的"等效原理"，自然的想法是惯性力是否也应起源于相互作用，而且也

---

① 1英里=1.609千米．

应该有一个场源？广义相对论诞生之前出现的马赫原理为我们提供了一个值得考虑的假说．一般认为马赫原理对爱因斯坦建立广义相对论有一定的启发．

3.2 爱因斯坦等效原理

爱因斯坦把一代接着一代不断地在自然界里发现秘密的科学家们比作读这样一本侦探小说的人．他在《物理学的进化》一书中写道[①]："在我们这个奥妙的侦探故事中，没有一个已经完全解决的问题，也没有一个永远不变的问题．三百年之后我们又回到最初的运动问题上来修正侦查的程序和寻求过去被忽视的线索，因而得到了我们周围世界的另一个不同的图景．"这个过去被忽视的线索就是"惯性质量与引力质量相等"，我们周围世界的另一个不同的图景就是"广义相对论的时空观"．1907年爱因斯坦提出有必要把相对性理论从等速运动推广到加速运动，其基础就是惯性质量和引力质量的相等．

一、惯性质量和引力质量

在牛顿力学中，人们已经熟悉了"质量"这个物理量．但是，通常并未注意到：一个质点的"质量"实质上同时表征着

---

① 爱因斯坦，英费尔德．物理学的进化．周肇威，译．上海：上海科学技术出版社，1962：26．

两种不同的物理性质.一切物体都有两种最根本的力学属性,即惯性和引力.由牛顿第二定律通过对力和加速度的测量可以定义一个叫做"惯性质量"的物理量,它是物体惯性的量度,反映该物体对加速度的阻抗,我们把它记作 m_i.同时,又由万有引力定律通过对力和距离的测量可以定义一个叫做"引力质量"的物理量,它是物体所受引力属性的量度.为了区别于"惯性质量",我们把牛顿万有引力定律中的质量称为"引力质量",并记作 m_g.牛顿万有引力定律和电学中库仑定律形式上很相似,质量在万有引力定律中的作用就相当于库仑定律中的电荷.当然,也有不同:电荷有正有负,同性相斥,异性相吸,而引力的"荷"——质量却总是正的,它们之间总是互相吸引的.

物质的"引力质量"和"电荷"这两种属性从物理本质来说是完全不同的,我们无法预先期望它们之间存在任何联系.人们自然会想象"引力质量"也应该与"惯性质量"毫无关系,我们可以问:通过怎样的实验或观察,可以去确定二者的关系(或没有关系)呢?这个问题的回答原来就蕴含在早就为人们所熟知的、伽利略所做的自由落体实验和单摆"等时性"的观察当中.在伽利略从塔上扔下不同质量的各种物体的古老实验里,他发现各种质量物体的下落时间总是相同的,按照牛顿第二定律,一个物体的加速度同它的质量(注意,现在应称之为"惯性质量")成反比,而同它所受的力成正比.当物体在地面附近自由下落时,受到的主要是重力,它属于万有引力,应该与物体的引力质量成正比.综合这两方面来看,如果忽略空气阻力等次要因素,则物体下落的加速度取决于引力质量与惯性质量二者之比.但是从伽利略时代开始人们就已经认识到:不同的物体,不管它的形状、重量、化学成分等如何不同,当它们从同一地点的同一高度同时开始自由下落,就总是同时到达地面(除非空气阻力显著地起作用,例如羽毛等物的飘落,当作别论).这一事实表明,所有物体的自由下落加速度都是一样的(即通常所谓"重力加速度"g,约为9.8 m/s^2).回到前面的讨论,一个显然的推论是:任何物体的引力质量与惯性质量之比是一个常数,或者说,引力质量总与惯性质量成正比.当两种物理量总是成正比时,便总可以通过选取适当的单位而使比例常数为1,并进而把它们说成是相等的.因此,通常我们也认为自由落体等实验表明了引力质量与惯性质量相等.爱因斯坦在《物理学的进化》一书中,曾以地球和石子之间的吸引力和石子的运动为例来说明这一点:"地球只以重力来吸引石子,而对石子的惯性质量是什么并不知道,地球的'感召'力决定于引力质量,石子的'应验'运动决定于惯性质量,因为'应验'运动总是一样的.那就是说,从同样高程下降的一切物体都是一样情况的.从此可以推论:引力质量和惯性质量相等."

类似的结论还可以从"单摆"的运动规律中得出.一根细绳拴着一个重物(称为"摆锤"),在重力作用下往复摆动,便构成我们熟知的单摆.使单摆摆动的力是重力的一个分力,因而当摆锤偏离平衡位置时,它的加速度同样与两种质量之比有关,进而单摆的摆动周期也应与两种质量之比有关.据说伽利略在教堂做礼拜时曾经用心观测吊灯的摆动，后来牛顿进一步做了更精确的实验．他们的观察和实验表明，单摆周期只取决于摆长及重力加速度，而与摆锤的质量等无关，这也印证了 m_g/m_i 对所有物体来说是一个"普适"常数．

如果说伽利略和牛顿的观测精度还比较低的话，那么20世纪以来已出现了一批高精度的实验．首先是20世纪初厄特沃什（Eötvös）的实验，它表明引力质量和惯性质量在 10^{-9} 数量级的精确度上是相等的，而后来进行的实验甚至把精度提高到 $10^{-11}\sim 10^{-12}$ 数量级．此外，还有研究者曾用基本粒子做过自由下落实验，表明"两种质量相等"的结论对于微观粒子也是有效的．有兴趣进一步深入了解的读者可以在本节的【选读】中了解到这些实验的基本原理和结果，以及有关于落体加速度与单摆周期的稍进一步的讨论．

二、弱等效原理

多次的越来越精确的实验表明引力质量和惯性质量之比是一个与物质特性无关的普适常数，也就是说，对于任何物质，它的引力质量和惯性质量总是成正比的．原则上，我们把这个比例常数取为1，便可得出引力质量恒等于惯性质量．"惯性质量与引力质量相等"虽然早已被人们作为一个事实来接受，但长期以来，人们对它的深刻含义却"习而不察"．这两种质量的相等是纯粹偶然的呢，还是有更深远的意义？乍一看来，引力质量等于惯性质量的结果在牛顿力学和狭义相对论力学中完全是一种巧合,并没有重要意义,但爱因斯坦却从这个几百年来司空见惯的事实中找到了新理论的线索.这个线索将我们引导到更深远的领域.事实上,这正是产生广义相对论的非常重要的线索之一.爱因斯坦在《关于相对论》一文中指出[①]:"广义相对论的创立首先是由于物体的惯性质量同引力质量在数值上相等这一经验事实.对于这一基本事实,古典力学是无法解释的.把相对性原理扩充到彼此相对加速的坐标系就得到了这样的解释.引进相对于惯性系加速的坐标系就出现了相对于惯性系的引力场.其结果是以惯性和引力相等为依据的广义相对论,提供了一种引力场理论."爱因斯坦提出,如果把它作为一个基本的出发点,那么,通过一个巧妙的"思想实验",可以得出一些非常新颖而重要的推论.

爱因斯坦提出的思想实验以"爱因斯坦电梯"而著名,因为他考虑的是一个假想的电梯舱内的情形.

(1)设想在地面上有一个静止的悬挂着的电梯舱——我们称之为舱 A,在舱内的引力场可以看作是均匀的.通常人们把引力加速度记为 g,于是舱 A 内的引力场内每个物体,或者准确一点说,每个质点,受到的引力应该是 $m_g g$,其中 m_g 是该质点的引力质量.考虑到另一个外观相同的电梯舱 B,它远离各种吸引物体,因此是在一个"无引力空间"中运动.舱 B所在的地方能够建立一个惯性参考系.假定舱 B 相对于惯性系加速地"向上"升,加速度的大小恰好等于 g.力学知识告

---

① 爱因斯坦.爱因斯坦文集.第一卷.许良英,李宝恒,赵中立,等编译.北京:商务印书馆,1976:165.

诉我们,这时在舱 B 内,每个质点将受到一个"惯性力",方向与舱 B 加速度的方向"相反",即"向下";大小等于 $m_i g$,其中 m_i 是惯性质量(我们在汽车急刹车时或急转弯时以及电梯启动时,都是能真切地感受到这种惯性力的).

如果 m_g 和 m_i 总是相等的,那么每个质点不管是在舱 A 还是舱 B 之内,所受到的力是完全相同的.就是说,舱 A 或舱 B 内的实验者进行任何一种力学实验,其结果都是相同的.比如说,用弹簧秤去称量物体的"重量"时,弹簧的变形完全相同,因而弹簧秤的读数也相同;用同样的初速度抛掷一个物体,轨迹也完全一样;等等(参见图 3.2.1).如果实验者在被麻醉之后送进密封着的舱内,当他醒过来后若想借助于质点的力学现象或力学实验去判断自己究竟是处于舱 A 还是舱 B 之内,可以说是完全无望的;同样,他若要区分舱中所有物体,包括他自己,所受到的究竟是"引力"还是"惯性力",也绝无可能.因此,由"引力质量与惯性质量相等"而得到的

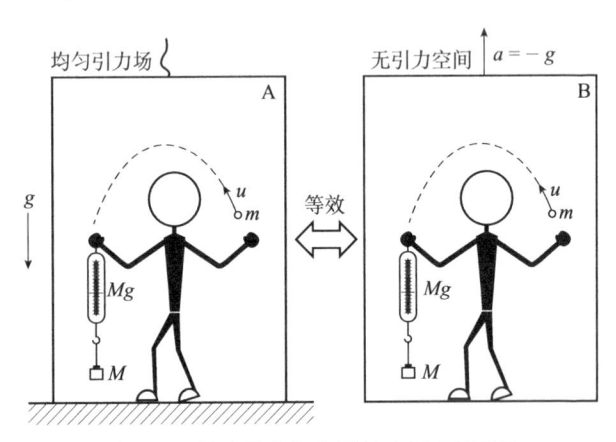

图 3.2.1 均力均匀场与惯性力场的等效性

一个重要结论便是：就质点力学而言，一个加速参考系内的惯性力场同一个均匀的引力场等效．

（2）如果悬吊着舱 A 的那绳突然被砍断，于是舱 A 自由下坠，情况又将如何呢？为叙述方便起见，称这样一个在引力场中自由下坠的电梯舱为"舱 C"．由于舱 C 以加速度 g 向下运动，舱内的物体应受到一个向上的惯性力，大小为 $m_i g$；另外，物体又受到大小为 $m_g g$ 的重力，方向向下，与惯性力刚好互相抵消．如果质点除此之外不受其他力的作用，它将保持静止或匀速直线运动状态，这种情形称为"失重"（由于空间技术的发展，今天的人们比爱因斯坦那一代幸运多了，因为我们已经无须再靠天才的想象力，而可以很容易地从电视屏幕中真切地欣赏到宇航员们"飘浮"在太空实验室中这样一种失重现象．太空实验室中的情形同舱 C 内的情形本质上是相同的——都是在地球引力场中自由下落；虽然下落加速度有所不同，但太空实验室由于"离地太远"而将永远落不到地面上，变成沿椭圆轨道绕地球运行）．

为了对照，不妨设想另外有一个电梯舱 D，它在无引力空间内做惯性运动．事实上，一个局限在舱 C 或舱 D 内的实验者也是不可能借助任何力学实验把两者加以区别的，因为他观察到的现象和规律都是相同的，就像图 3.2.2 所示意的那样．因为舱 D 无疑是一个惯性系，故我们同样必须承认：就质点力学而言，在引力场中自由下落的参考系也是一个惯性系．或者可以说，让参考系"自由下落"，能够在其中"消除掉"引力场．

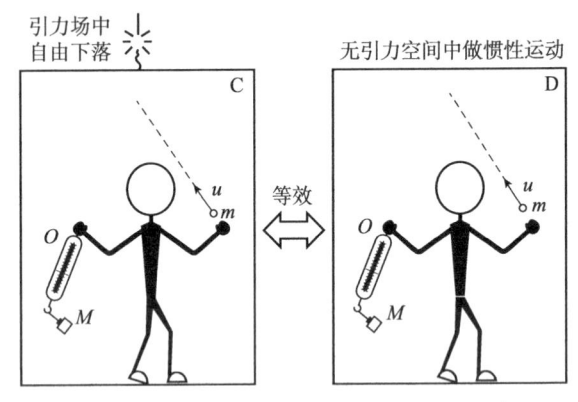

图 3.2.2 在引力场中自由下落的参考系等效于一个惯性系

过去人们总认为：一个自由下落的系统是一个加速系，即"非惯性系"；现在看来，它更像是一个惯性系．相反，过去认为静止在地面的电梯舱近似地是一个惯性系，它却"等效"于一个向上加速的非惯性系！这些观点与传统上的观点大不相同，但却是"两种质量相等"的不可避免的逻辑结果．当人们"踏破铁鞋无觅处"，寻觅不到一个"真正的"惯性系，而同时又为万有引力问题而烦恼的时候，"爱因斯坦电梯"是否显露出解决问题的一线曙光呢？

三、强等效原理

伽利略的相对性原理实质上是说，在力学现象的范围内，一切惯性系等价．爱因斯坦则突破了"力学"这一局限，把这个等价性推广到一切物理现象，结果创立了狭义相对论，与此同时，开启了时空观念的一场大变革．

任何力学实验都不可能区分是引力的效果还是惯性力的效果，这种引力和惯性力的等效性被称作弱等效原理．其中"弱"是指只限于力学现象，它是惯性质量和引力质量相等的一个直接推论．如果进一步假定任何物理实验包括力学的、电磁的和其他的实验都不可能判断是引力还是惯性力的效果，这就是强等效原理．爱因斯坦假定：上述的舱 A 与舱 B、舱 C 与舱 D 的等效性是普遍的，即不论进行力学的还是其他类型的实验，都无法完全把它们区分开，也就是进一步假定任何物理实验都不可能判断是引力还是惯性力的效果．当中的要点是认为引力和惯性力在所有物理效果上完全没有区别，人们把从引力质量等于惯性质量的实验结果导出的力学等效原理称为"弱等效原理"，而把它推广到适用一切物理现象（如电磁现象等）普遍成立的原理则称为"强等效原理"．强等效原理更准确的表述如下："在任何引力场中的任一时空点，人们总能建立起一个自由下落的参考系（局部惯性系），狭义相对论所确立的物理规律在这一个参考系中全部有效"．强等效原理是更深刻的假设，我们可以归纳它的两个基本点是：①一个均匀引力场等效于加速系中的惯性力场；②引力场中自由下落的参考系是一个惯性系．

总的来说，等效原理分两个层次：①弱等效原理——在引力场中任一点附近，总可以找到一个自由降落参考系，在其中引力效应和非惯性效应抵消，这个参考系称为局域惯性系；②强等效原理——在局域惯性系中，狭义相对论的所有公式、定理都适用．

四、惯性系就在"你的脚下"

在爱因斯坦建立广义相对论之前,我们一直都找不到一个理想的惯性参考系.通常所使用的"地面参考系"(或"实验室参考系")至少绕地轴自转,有 $a_1 \approx 3.4 \times 10^{-2}$ m/s^2 的向心加速度;若选"地心参考系"(坐标原点在地心,坐标轴指向太阳和远方恒星),则仍有地球公转的向心加速度 $a_2 \approx 5.9 \times 10^{-3}$ m/s^2;再进一步选用"日心参考系"(坐标原点在日心,坐标轴指向远方的恒星),则发现太阳绕"银心"(银河星系的中心)公转,向心加速度 $a_3 \approx 10^{-10}$ m/s^2,虽然很小,但仍不为零,仍然不是理想的惯性系.可见,由于引力作用的普遍存在,任一物质的参考系总是有加速度,因而总不会是真正的惯性系.只不过相应的引力越弱,便可能找到更好的近似惯性系.现在等效原理告诉我们,如果参考系的加速度失去了绝对意义,那么惯性系的概念必须重新审查.引力和惯性力在所有物理效果上完全没有区别的这个参考系就可以定义为惯性系.如果下落的实验室足够地小,并且所考察的时间足够地短,以至于引力场的不均匀性显得不重要的话,引力场中自由下落的实验室就是一个局部的、近似的惯性系.随着所涉及的时空范围越来越小,近似程度可以越来越高;但只有在时空范围趋于零的极限情况下,我们才可能有精确的惯性系.实际上,全空间的引力场是不均匀的,因此无法找到一个参考系使得惯性力处处和引力相消,严格说来,在不均匀引力场中自由下落的参考系中只有在一点上的惯性力和引力完全相消,因此引力场中自由下落的局域惯性系也只是一个近似的惯性系.不妨说,等效原理"拓宽"了同时也"收窄"了惯性系的概念.在牛顿力学的几百年历史中,人们实际上一直只是用一系列近似的惯性系进行工作:地面系、太阳系、银河系……它们其实都不是准确的惯性系.实际上,人们还不知道在哪儿有准确的惯性系.等效原理指出,其实惯性系就在"你的脚下",在每个时空点都存在一个惯性系(即自由下落的实验室);但另一方面,除了"绝对无引力的空间"这种理想情况之外,惯性系又永远只能是局部的,严格说来,它只存在于无限小的时空范围内.

五、引力起潮作用

引力场变成幻影了吗?

前面讲到,通过加速运动,可以"创造"出一个惯性力场,它等效于一个均匀引力场;而通过从引力场中的静止参考系变换到自由下落系,又可以把一个引力场"消除"掉,这是不是意味着,从此人们必须把引力场看成一个虚拟的幻影了呢?答案是否定的.

因为实际的引力场通常并非绝对均匀.例如,在不太高的精度下,有时把地球表面的万有引力场——"重力场"当作均匀的.而事实上,按照牛顿万有引力定律,地面上物体与地球之间的引力应发生在两者质量中心的连线上,即是说,物体所受重力指向地球的质心;或者说,地球表面引力场的力线是向着地球质心"会聚"的而不是平行的.另外,由于引力与物体间质心的距离平方成反比,不同高度上重力加速度的数值也是略有差异的.只有在一个相对小的局部范围内(其间的水平或竖直距离与地球半径相比都极小,例如爱因斯坦电梯的情形),我们才可以近似地认为地面引力场是均匀的.

引潮力

考虑到这一点,那么引力场与惯性力场的等效性就只能是局部的和近似的.设想在地球引力场中有一个足够巨大的电梯舱,如图 3.2.3 所示.由于在这样一个足够大的范围内引力场的不均匀性比较显著,所以,分别配置在舱内不同位置上的质点,其引力加速度的大小和方向都会有明显差异.当在舱的质心 c 的上、下和左、右分别竖直和水平地配置 4 个质点 m_1、m_2、m_3、m_4 时,它们的引力加速度大小和方向如图 3.2.3(a)所示(用箭头的长短和指向表示).请注意,这些加速度都略微不同于 c 点的重力加速度.如果让整个舱自由下落(其中各个质点也自由下落),这几个质点对于 c 点就有相对加速度.具体一点说,在质心 c 点处的观测者会发现水平地配置的一对质点 m_2 和 m_4 加速地相互靠近,而竖直地配置的 m_1 和 m_3 则加速地分离,如图 3.2.3(b)所示.可见在自由下落的电梯舱内,引力场并未"消失",而是表现为一种较特殊的形态,它的力线如图 3.2.3(c)所示.这个力场作用在自由下落的舱内的每个物体上.一个竖直的圆环,会被"挤"成如图 3.2.3(d)

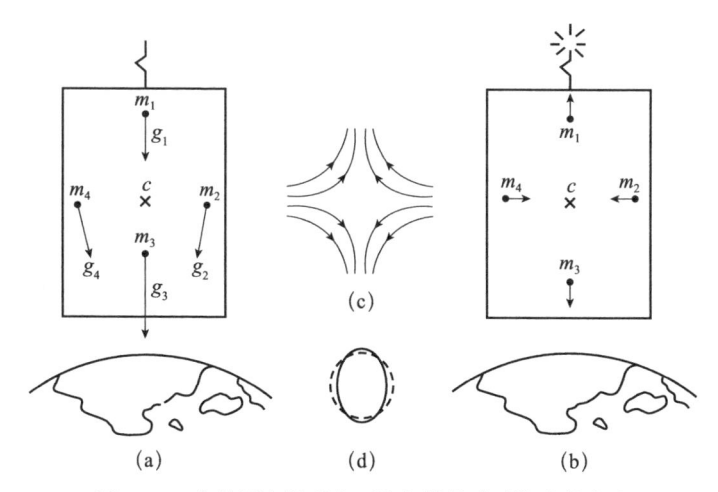

图 3.2.3　大范围内的引力不均匀性导致引潮力的产生

所示实线的形状,这大致上也是一个水滴切面的形状.因为在"失重"情况下,水滴受表面张力的作用,倾向于取完美的球形;而图 3.2.3(c)所示的力场则把它"挤拉"成纺锤状.当然,一般水滴太小,在它的范围内引力场非常近于均匀,这种变形是不会被觉察的(读者们可能听到过这样的描述:在太空舱内失重的条件下,飘浮在空间的水珠的确呈相当完美的球形).但是,如果我们把大体上被海洋覆盖着的地球看成在太阳和月球等邻近天体的引力场中自由下落的一颗"大水珠"的话,那么,显然,海洋的表面(所谓海"平"面)也应该在某个方向的相对两侧"鼓"起来,这其实就是潮汐的由来.因为随着地球的自转,鼓起的部分也相对于地面每昼夜转一周,致使在同一地点每 12 小时就有一次"高潮"和"低潮".图 3.2.3(c)所示的力场因此也得到了一个名字——引潮力(地球的固体部分同样受到引潮力的作用,只是它的变形不像海洋的潮汐那么容易察觉罢了）.

可以这样说：比起引力加速度来，引潮力作用是引力场的物理效应更为本质的表现.除了均匀引力场这种理想情况之外，在引力场中自由下落的任何实验室内，引力场都要通过引潮力顽强地表明它的存在，这就使这类实验室有别于严格的惯性参考系.可见，引力场是不可能通过坐标系的变换而从整体上"消除"掉的，等效原理的确立并未使引力场成为"幻影".

> **选读**
>
> ### 自由落体和单摆 $m_g = m_i$ 的实验验证
>
> 在地球表面附近，物体受到的万有引力为
>
> $$F = m_g \cdot \frac{GM_g}{r_\oplus^2}$$
>
> 其中，m_g 与 M_g 分别是物体及地球的引力质量，$r_\oplus$ 是地球半径，G 为万有引力常量，故自由落体加速度为
>
> $$a = \frac{F}{m_i} = \frac{m_g}{m_i} \cdot \frac{GM_g}{r_\oplus^2}$$
>
> 其中 m_i 为物体的惯性质量.若令 $g = \frac{GM_g}{r_\oplus^2}$（它是一个与落体无关的常数），则
>
> $$a = (m_g / m_i)g$$
>
> 若不同物体的下落加速度相同，就表 m_g / m_i 为常数，若进一步选取适当单位使 $m_g = m_i$，则所有自由落体的加速度均

为 g，这正是通常所认为的"重力加速度". 反之，通过检测不同物体的下落加速度之间可能存在的差异，便可以为"$m_g = m_i$"这个判断的精确度提供一个上限.

类似地，一般物理书中介绍的单摆周期公式

$$T = 2\pi\sqrt{\frac{L}{g}} \quad (L \text{ 为摆长}, T \text{ 为周期})$$

实质上已假定了 $m_g = m_i$. 如果不预先做此假定，则单摆周期应为

$$T = 2\pi\sqrt{\frac{L}{g}} \cdot \sqrt{\frac{m_i}{m_g}}$$

摆锤材料不同，同样摆长的单摆周期会有所不同. 因此单摆实验也能用于确定 m_g 与 m_i 的关系.

选 读

引潮力的一些天文学效应

引潮力在天文学上有许多效应，下面列举其中的一些例子.

一、潮汐

地球在太空中翱翔，一方面绕太阳公转，另一方面又绕地月系统的质心旋转. 这些转动的向心加速度，就是太阳和月球对地球引力的引力加速度，因此地心坐标系就是一个自由下落的局部惯性系. 地面上的水受到太阳和月球

引力场的起潮作用（见图 3.2.4（a））形成潮汐．月球的质量与太阳相比虽小，但由于距地球很近，因而它对地球的引潮力比太阳的要大．日、月引潮力叠加的结果与日、月的相对方位有关．在朔日和望日，月、日、地球几乎在同"直线"上，太阴潮与太阳潮[①]彼此相加，形成每月的两次大潮；上弦日和下弦日，月-地和日-地的连线成 90° 角，太阴潮被太阳潮抵消了一部分，形成每月的小潮（见图 3.2.4（b））．

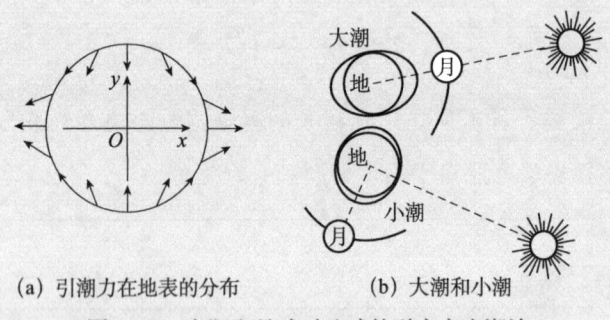

(a) 引潮力在地表的分布　　(b) 大潮和小潮

图 3.2.4　太阳和月球对地球的引力产生潮汐

二、撕碎天体

天体受到十分强烈的起潮作用时有可能被撕碎．当天体质量较大时（例如月球这样的天体），其结合力主要来自各部分间相互作用的万有引力．若施加引潮力的天体的半径为 R，密度为 ρ，受起潮作用的天体密度为 ρ'，则可

[①] 太阴潮是由月球对地球的引力作用而产生的潮汐，太阳潮则是由太阳对地球的引力作用而产生的潮汐．

以证明[①]，撕碎天体的临界距离为

$$r_c = R\left(\frac{3\rho}{\rho'}\right)^{1/3} = 1.44R\left(\frac{\rho}{\rho'}\right)^{1/3}$$

对地月系统，$\frac{\rho_{地}}{\rho_{月}} = \frac{5}{3}$，而月球被地球引潮力撕碎的距离为

$$r_c = R\left(\frac{3\rho}{\rho'}\right)^{1/3} = R_{地}\left(\frac{3\times 5}{3}\right)^{1/3} = 1.7R_{地}$$

就是说，假定一旦月球向地球撞来，在它未与地球碰撞之前，就将被地球的引潮力撕碎了．

如果被撕碎的天体是由流体构成的，则由于流体容易变形，在起潮作用下天体不再呈球形而被拉得很长，呈椭球状，在极限情形下偏心率可达 0.88．洛希（E. R. Roche）证明，此情况下临界距离为

$$r_c = 2.45539R\left(\frac{\rho}{\rho'}\right)^{1/3}$$

r_c 称为洛希极限，它与固体的情况相比仅有系数上的差异．土星环半径 r 与土星半径 R 之比 $r/R = 2.31$，若土星环中的颗粒物质与土星本身密度相等，则环中物质应已进入洛希极限之内，不可能形成一个完整的椭球形卫星．这或许也算得上是土星环成因的一种解释吧．

---

① 可参阅"赵凯华，罗蔚茵．新概念物理教程——力学．北京：高等教育出版社，2004：375-382"．

三、S-L9 彗星的碎裂

人类有史以来看到的最壮观的彗星–行星相撞事件，莫过于 S-L9 彗星与木星相撞了．1993 年 3 月，苏梅克夫妇（E. Shoemaker & C. Shoemaker）和列维（D. Levy）发现一颗彗星（称为苏梅克–列维 9 号彗星，简称 S-L9 彗星）．从理论上倒推，S-L9 彗星在 1992 年 7 月间因已进入木星的洛希极限而被撕裂．初次发现它时，分裂成 5 块，到 1993 年 7 月间，哈勃空间望远镜已观测到 20 多块碎片（图 3.2.5），后来这些碎片又进一步分裂，最后于 1994 年 7 月 16 日陆续撞到木星上．整个过程，可以说是人类亲眼见到的第一起天体被引潮力撕碎的事件，是极其有意义的历史性事件．

图 3.2.5 彩图

图 3.2.5 哈勃空间望远镜拍摄苏梅克–列维 9 号彗星

3.3 广义相对论的引力观

我们已经了解到牛顿力学和狭义相对论无法说明的两个重

大问题，即物体的惯性质量同引力质量在数值上相等的问题和惯性力的本质问题．其实这两个问题是紧密联系在一起的．科学探索中常有这样的有趣情形：一个问题已经够伤脑筋了，但两个问题却未必加倍地棘手；相反，从两者的内在联系中却往往显露出了解决问题的曙光．广义相对论的创立，首先是基于物体的惯性质量同引力质量在数值上相等这一经验事实．爱因斯坦在马赫有关引力与惯性相联系的思想启发下，一举解决了狭义相对论的上述两个遗留问题，成功地把它发展为广义相对论．

广义相对论对时空连续区作了更深入的分析．这个理论的有效性不再限于惯性坐标系．这个理论分析了引力问题，并且建立了引力场的新的结构定律．它迫使我们去分析几何学对描写客观世界的作用．作为科普读物，我们尽量绕过艰深繁杂的数学，侧重用物理思想作简明的介绍．正如爱因斯坦所说[1]："在建立一个物理学理论时，基本观念起了最主要的作用．物理书中充满了复杂的数学公式，但是所有的物理学理论都是起源于思维和观念，而不是公式．在观念以后应该采取一种定量理论的数学形式，使其能与实验相比较."

一、广义协变性原理

爱因斯坦在《广义相对论的基础》一文中认为[2]："物理学

---

[1] 爱因斯坦．爱因斯坦文集．第二卷．范岱年，赵中立，许良英，编译．北京：商务印书馆，1977：281，285．
[2] 爱因斯坦．爱因斯坦文集．第二卷．范岱年，赵中立，许良英，编译．北京：商务印书馆，1977：281．

的定律必须具有这样的性质，它们对于以无论哪种方式运动着的参考系都是成立的.循着这条道路，我们就到达了相对论公设的扩充.""普遍的自然规律是由那些对一切坐标系都有效的方程来表示的，也就是说，它们对于无论哪种代换都是协变的（广义协变）."

相对论可分为"狭义相对论"（special relativity）和"广义相对论"（general relativity）两部分.狭义相对论适用于惯性参考系，它的基本原理只有两条：①狭义相对性原理——物理定律对所有的惯性系都适用，且具有相同的数学形式；②光速不变原理——真空中的光速在所有惯性系中都是常数 c，且它是信息传递的最大速度.爱因斯坦认为有必要突破惯性系的局限，他将狭义相对论加以推广，得到广义相对论的另一条基本原理，广义相对论原理认为一切参考系都是平权的，或换言之，客观的真实的物理规律应该在任意坐标变换下形式不变，即应具有广义协变性.广义相对论适用于所有参考系，它的基本原理也有两条：①广义相对性原理——物理定律对所有的参考系都适用，且具有相同的数学形式，这就是爱因斯坦的广义协变性原理；②等效原理——任何物体的引力质量等于惯性质量，换言之，在引力场中的任一点，任何物体的引力和加速度可以等效.等效原理又分两个层次：①弱等效原理——在引力场中任一点附近，总可以找到一个自由降落参考系，在其中引力效应和非惯性效应抵消，这个参考系称为局域惯性系；②强等效原理——在局域惯性系中，狭义相对论的所有公式定理都适用.等效原理和广义相对性原理是彼此独立而又互相联系的，等效原理容许我们采用非惯性系描述物理过程，它是广义相对性原理成立的先决条件，但等效原理并不一定推导出广义相对性原理，并非后者的充分条件，所以两者又是相互独立的．这两条彼此独立而又相互联系的基本原理共同构成了广义相对论的基础．

在第 2 章关于狭义相对论协变性的讨论中我们看到，做到广义协变性这一点的最自然的途径是用"张量"去表述方程式中的物理量．这样得到的式子，在任意的坐标变换中具有协变性（不因任意坐标的变换而变换）．

在前面的章节中，我们也看到，爱因斯坦在等效原理中想到了时空的任一点的邻域都可以用一个局部惯性系来代替，而整个引力场又是一个弯曲的时空的概念，但如何用数学的形式来表述这些概念，他花了很多时间和碰了很多钉子都没有找到解决的办法．后来他在好朋友，意大利数学家格罗斯曼（M. Grossmann）的帮助下，学习黎曼（Riemann）几何和张量分析，终于解决了广义协变性和弯曲的时空的数学表述问题．由于这些都是艰深繁杂的数学，作为科普读物，不可能具体讨论，下面只简单介绍黎曼几何和度规张量的初步概念，给出具有广义协变性的爱因斯坦引力场方程，这些介绍只点到为止．

二、黎曼几何流形

黎曼几何与欧几里得几何不同，欧几里得几何的对象是平直空间几何.欧几里得几何主要的特点是三点可以决定一个平面,而平面上的一条直线可以无限延长,同时在这一平面上另一点可以作一条唯一的无限延长且永不相交的平行线.另一特点是,在平面上三点可以连成一个三角形,三个内角之和 $\alpha + \beta + \gamma = \pi (= 180°)$,这在弯曲几何上是没有的.例如在地球上(球面),两条相距 90° 的经线与赤道构成的三角形,其三个内角之和就不等于 π,而是 $3\pi/2$.

黎曼几何面对的是弯曲几何流形,在其上任一点及其邻域都可建立一个欧几里得几何坐标系,用欧几里得平直几何的计量代替它的计量.这一点很符合爱因斯坦设想引力场中任一点及其邻域都是一个自由降落的局部惯性系,因为它是 4 维平直的赝欧时空.

以简单的球面为例,由于球面任一点附近是"局部平直"的,这就是该点的切面,即可以设置一个局部的欧几里得平直坐标系来替代.然后设想把这些一块块的切面"补丁"连接起来,"铺满"整个曲面.这对我们生活在地球上的人类来说是习以为常的.

这里需要说明的一点是,为了以后书写计算方便,我们把参变量的区分标记在变量的右下角,并使用爱因斯坦的求和约定,这样做方便于明示繁杂的运算.

用欧几里得几何写出球面经纬度为 (φ, θ) 的 P 点坐标.如图 3.3.1 所示,坐标原点定在球心.设球的半径为 R,若直接用直角坐标表示为 (x, y, z),而用球面坐标表示为 (φ, θ),两者之间可用式(3.3.1)联系起来

$$\begin{cases} x = R\sin\theta\cos\varphi \\ y = R\sin\theta\sin\varphi \\ z = R\cos\theta \end{cases} \quad (3.3.1)$$

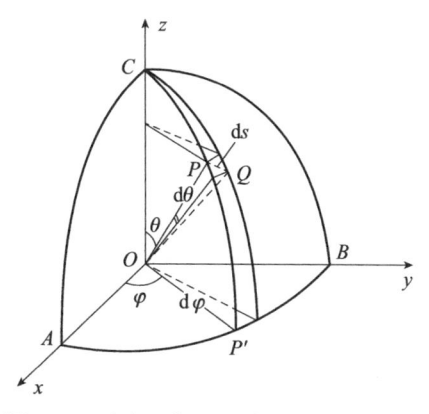

图 3.3.1 直角坐标系和球面坐标系的变换

球面是二维的，说明其中 3 个参变量不是独立的. 球半径是一个常数，因此其中存在一个约束方程，即 $x^2 + y^2 + z^2 = R^2$.

显然直接用二维曲面坐标——球面坐标表示简明得多了，式子大为简化.

由弧长 $\widehat{CP} = R\theta$ 及 $\widehat{AP'} = R\varphi$，得

$$\begin{cases} x_1 = \varphi = \dfrac{\widehat{AP'}}{R} \\ x_2 = \theta = \dfrac{\widehat{CP}}{R} \end{cases} \quad (3.3.2)$$

上面我们简单地用一个球面来说明黎曼流形对表述广义相对论引力场是一个弯曲时空的意义，下面我们再简单介绍一下张量分析的入门问题.

三、度规和度规张量

在引力场中，各点的变换张量是不同的，如何计算不同点的张量，这是一个张量分析问题．我们首先找出替换平面上由 P 点移动到相邻 Q 点时的微距离，以便由张量分析导出新的变换张量．

平面上可以利用勾股定理，由图 3.3.1 得

$$(ds)^2 = R^2 \sin^2\theta \cdot (d\varphi)^2 + R^2 \cdot (d\theta)^2$$
$$= R^2 \sin^2 x_2 \cdot (dx_1)^2 + R^2 \cdot (dx_2)^2 \quad (3.3.3)$$
$$= \begin{bmatrix} R^2 \sin^2 x_2 & 0 \\ 0 & R^2 \end{bmatrix} \begin{bmatrix} dx_1 \cdot dx_1 & dx_1 \cdot dx_2 \\ dx_2 \cdot dx_1 & dx_2 \cdot dx_2 \end{bmatrix}$$

可见单纯选取坐标参量还不足以量度几何图形上点的位移，还必须乘上另外一个因子，这个因子称为度规或度规张量．在球面的简单情况下，这就是 $g_{\mu\nu}$，还可写为

$$[g_{\mu\nu}] = \begin{bmatrix} R^2 \sin^2 x_2 & 0 \\ 0 & R^2 \end{bmatrix} \quad (3.3.4)$$

其中 $g_{11} = R^2 \sin^2 x_2$，$g_{12} = g_{21} = 0$，$g_{22} = R^2$．

以上仅仅通过一个简单的球面例子，就可以领悟到利用黎曼流形和张量分析的启示．由图 3.3.2 易见，当使用平面极坐标时，用"到原点的距离" ρ 和"极角" θ 表示各点的位置，则从 A 到 B 的距离为

$$(ds)^2 = (d\rho)^2 + \rho^2 \cdot (d\theta)^2 = (dx_1)^2 + x_1^2 \cdot (dx_2)^2$$
$$= \begin{bmatrix} 1 & 0 \cdot 0 \\ 0 \cdot 0 & x_1^2 \end{bmatrix} \cdot \begin{bmatrix} dx_1 \cdot dx_1 & dx_1 \cdot dx_2 \\ dx_2 \cdot dx_1 & dx_2 \cdot dx_2 \end{bmatrix}$$

其度规张量为

$$\left[g_{\mu\nu}\right] = \begin{bmatrix} 1 & 0 \\ 0 & x_1^2 \end{bmatrix}$$

其中 $g_{11} = 1$, $g_{12} = g_{21} = 0$, $g_{22} = x_1^2$.

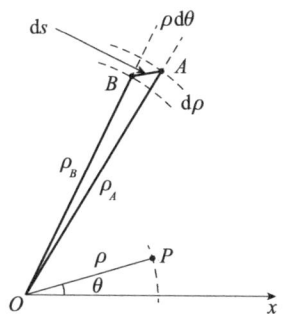

图 3.3.2　平面极坐标下相邻两点的距离关系

四、爱因斯坦引力场方程

引力引起的加速度依赖于该引力场的情况，所以引力场的效果可以用空间的几何结构来描述，借助于等效原理能够论证有引力场存在时其时空是弯曲的黎曼空间，刻画黎曼空间几何结构的度规张量起着引力势的作用，接下来的任务是寻找到度规张量即引力势对物质分布即引力源的依赖关系，爱因斯坦找到了这关系，就是相对论性的引力场方程．

经典引力场方程表达了物质分布与引力场的关系，但它不满足广义协变的要求．为此，必须以它为基础建立一个张量方程．质量密度 ρ 在经典力学中是一个标量，不因坐标变换而变，但在相对论中就不是这样了．假若有一团静止的物质，ρ 表示某个单位小体积内的质量．对一个运动的观测者而言，这团物质的质量大于其静止质量,而所占体积则小于单位体积(因洛伦兹收缩),因而相对论中的 ρ 不同于在静止系中测得的 ρ_0。爱因斯坦利用黎曼几何的数学工具,导出了引力场方程

$$\boldsymbol{G}_{\mu\nu} = \boldsymbol{R}_{\mu\nu} - \frac{1}{2}g_{\mu\nu}R = \kappa \boldsymbol{T}_{\mu\nu} \qquad (3.3.5)$$

其中 $\kappa = \dfrac{8\pi G}{c^4}$,$G$ 为万有引力常量,$\boldsymbol{G}_{\mu\nu}$ 称为爱因斯坦引力场张量,$\boldsymbol{R}_{\mu\nu}$ 称为引力场里奇(C. G. Ricci)曲率张量,$\boldsymbol{T}_{\mu\nu}$ 称为能量动量张量,反映物质的分布与运动.

由于科普读物的深度和篇幅所限,在此我们不对引力场方程作进一步的诠释.有兴趣的读者可参看广义相对论专著.

广义相对论是一种新的引力理论,牛顿引力理论所刻画的仅仅是静止源的引力场,即静态的引力场,而广义相对论所刻画的却是一般的做任意运动的引力源所产生的变化引力场.广义相对论是在有引力时对狭义相对论的推广,而狭义相对论是广义相对论在没有引力时的结果.

实际上,相对论涉及的是 4 维时空,描述它要用 4 个变量(1 个时间变量和 3 个空间变量).在狭义相对论中,闵可夫斯基引入了 4 维的平直赝欧空间,在那里时间轴中出现了一个不寻常的虚轴($\mathrm{i}ct$),现在用它还合适吗?

广义相对论的时空变量中通常用第 0 个指标表示时间分量,而且略去虚数 i,记为 $x_0 = ct$,相应的度规分量为 $g_{00} = -1$,其余的坐标变量为 x_1、x_2、x_3,若是用直角坐标,则依次用 $x_1 = x$,$x_2 = y$,$x_3 = z$ 表示,当然,也可以使用其他曲线坐标(例如球坐标、柱坐标等).

3.4 广义相对论的时空观

1912年开始爱因斯坦与格罗斯曼合作用张量分析和曲面几何作为数学工具，终于在1915年建立了广义相对论，1916年的论文《广义相对论的基础》就是这项工作的总结．1915年11月，爱因斯坦在普鲁士科学院报告了引力场方程，正式宣告了广义相对论的建立．广义相对论进一步揭示了四维时空同物质的统一关系，指出空间、时间不可能离开物质而独立存在，空间的结构和性质取决于物质的分布，它并不是平坦的欧几里得空间而是弯曲的黎曼空间．爱因斯坦推断光在引力场中不沿着直线而会沿着曲线传播．这个理论预见在1919年由英国天文学家在日食观察中得到证实，当时全世界都为之轰动．

1938年爱因斯坦在广义相对论的运动问题上取得重大进展，即从场方程推导出物体运动方程，由此更深一层地揭示了空时、物质、运动和引力之间的统一性[1]．广义相对论将时空的几何和时空中的物质分布用一个张量方程——爱因斯坦引力场方程联系了起来．在广义相对论中，物质之间的引力相互作用来自于时空本身的弯曲效应，时空的弯曲方式又是由物质的分布决定的．著名物理学家惠勒（J. A. Wheeler）对引力场方程有一句形象的描述："物质告诉时空如何弯曲，时空告诉物质在其中如何运动．"作为关于时间、空间和引力的理论，爱因

---

[1] 爱因斯坦．爱因斯坦文集．第二卷．范岱年，赵中立，许良英，编译．北京：商务印书馆，1977：449．

斯坦广义相对论是自牛顿引力以来人类认识引力现象的一次质的飞跃．

一、时空是弯曲的

9 岁的爱德华问爱因斯坦："爸爸，你为什么这样出名？"爱因斯坦回答："你看见没有，当瞎眼的甲虫沿着球面爬行的时候，它没发现它爬过的路径是弯的（图 3.4.1），而我有幸地发现了这一点．"

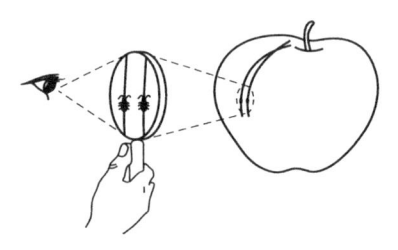

图 3.4.1 在苹果上爬行的蚂蚁

狭义相对论所谓在局部惯性系内一切物理规律是满足洛伦兹协变的，已暗含了把时空当作平直时空来处理，而实际上引力场对时空要产生一种内禀效应，使时空弯曲．时空弯曲对物理规律的影响是必须考虑的．在爱因斯坦看来，一个 A 物体受另一个 B 物体的引力作用而运动，其实是因为 B 物体的质量改变了周围的空间，使空间弯曲，而这个 A 物体由于处在弯曲空间中，所以会运动，运动只是由于空间弯曲而引起的．等效原理保证了一切物体在引力场中对任意参考系有完全相同的运动方程，也就是说，运动轨道仅决定于时空的几何性质，而与物质的属性无关.

下面我们用较形象的物理图像来通俗地讲述时空弯曲是如何产生的.

如图 3.4.2 所示，考虑空间 P' 处的一个自由质点，与质量为 M 的引力场源相距为 r，此时质点的速度为 v. 在该瞬时质点和邻域构成一个局域惯性系 S'.

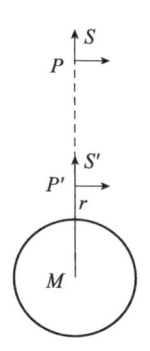

图 3.4.2　自由降落参考系

据能量守恒定律（依惯例，设离引力源无穷远处引力势能为零），有

$$\frac{1}{2}mv^2 = \frac{GmM}{r}, \quad v = \sqrt{\frac{2GM}{r}}$$

按狭义相对论的洛伦兹变换

$$dt = \frac{dt'}{\sqrt{1-v^2/c^2}} = \frac{dt'}{\sqrt{1-2GM/(c^2r)}}$$

$$dr = dr'\sqrt{1-v^2/c^2} = dr'\sqrt{1-2GM/(c^2r)}$$

式中 dt、dr 应理解为离引力场源无穷远 P 处（惯性系 S）观察者测得引力场（局域惯性系 S'）中的时间间隔、空间距离差.

dt'、dr'是引力场（局域惯性系 S'）中的固有时、固有长度.这就是说：在引力场中发生的物理过程，在远处 P 点（引力场可以忽略）观测，其时间节奏比当地 P' 点观察者的固有时快，其空间距离比当地观察者的固有长度短，这就是引力产生的时空效应.

可见由于引力场在不同的时空点（局域惯性系 S'）其时空间隔的变换有不同的比值（因为每个时空点的速度不同），故出现时空的不均匀，使整个引力场时空变成弯曲不平的（这是时空弯曲的一个定性形象化解释，深入的理解需要广义相对论的理论公式和较高深的数学）.引力场中时空弯曲的一个类比模型如图 3.4.3 所示.图中有一块水平张紧的弹性膜，中间放置一个重圆球，于是整块膜面就变成如图所示的曲面.容易想象，如果时空中分布着许多大小不同的引力场源，则时空的弯曲程度必然十分复杂.

图 3.4.3　时空弯曲示意图

二、时空告诉物质如何运动

牛顿把万有引力看成是两个物体之间的超距作用，在爱因斯坦看来,一个物体受另一个物体的引力作用而运动,其实是因为另一个物体由于其质量已改变了周围的空间,使空间弯曲,而这个物体由于处在弯曲空间中所以会运动,因此在爱因斯坦的引力理论中其实没有力的概念,运动只是由于空间弯曲而引起的,运动轨道仅决定于时空的几何性质.

下面我们稍微具体了解时空几何是怎样作用于物质的运动的.首先,既然引力场中每个自由下落的参考系都是一个局部惯性系,在其中发生的一切物理过程就能够相当准确地由狭义相对论来描述.但是,随着时间的推移,所研究的物质系统沿着它自身的世界线在时空中不断移动,从一个时空点过渡到另一个时空点(需要提醒:物体虽然有可能在空间中停留在某处不动,但绝不能停留在某一时空点,因为时间是不会停住不动的).而我们已经知道,每个时空点各有它自己的局部惯性系.因此,为了考察较大范围的现象,必须依次地从一个局部的自由下落系过渡到另一个,即从一点的局部惯性系过渡到邻近一点的局部惯性系,如此不断地进行.于是,时空几何的重要作用在这里便显现出来了.不同时空点上的局部惯性系之间的关系,取决于引力场的具体情况(例如,如图3.2.3所示,分别随m_1和m_2自由下落的两个参考系之间,其相对加速度是由地球引力场的不均匀程度决定的),也就是说,为时空的内禀几何性质所决定.可以这样比喻:狭义相对论写出了许多小片段的"脚本",而物质在引力场中运动的"整部戏的总编剧"则是时空几何.

一个简单的特例能够用来说明上述观念.按照狭义相对

论,一个自由粒子在洛伦兹坐标系中的世界线为直线;但在广义相对论中,引力不被看成是一种"力",因而所谓"自由"粒子应是指除受引力作用外不受其他力作用的粒子,亦即在弯曲的时空中自由运动的粒子.在每点附近的局部洛伦兹系中,粒子按狭义相对论应走直线;就是说,自由粒子整条世界线的每一小节应该"尽可能直".我们已经知道,具有这样性质的世界线就是时空中的短程线.至于短程线的具体走向,则无疑是由时空的弯曲情况决定的(就像前面提到关于苹果的比喻中,蚂蚁的路线由苹果的形状决定那样).

对于比自由粒子更复杂的物质系统,原则上都可以遵循类似方式进行讨论,即以局部洛伦兹系中的狭义相对论定律为基础,再根据由时空几何所决定的、相邻两个时空点的局部惯性系之间的关系,原则上就能找出弯曲时空中各类物理过程所应遵循的规律.

从以上讨论也不难理解,当把弯曲时空中的各种物理定律写成数学方程的形式时,其中必然以某种方式包含着某些时空几何.这也正是时空对物质运动的影响和制约作用在数学形式上的体现.事实上,广义相对论中的各种物理定律确是如此.

三、物质告诉时空如何弯曲

在广义相对论中,引力场怎样影响物质的运动?已如前述;问题的另一面,自然就是引力场由什么决定以及如何决定了.

按照爱因斯坦的思想，引力场是"时空几何场"，而时空几何的性质则应该唯一地由物质分布及其运动决定．因此，决定引力场的数学方程应具有下述形式：

某个反映时空几何的量＝某个描述物质的分布与运动的量

一个正确的引力场方程应该满足两条基本要求：①方程两边都应该是广义协变量，即张量，使方程具有广义协变性质；②在引力场很弱和物质运动速度远低于光速的情形下，应该和经典物理学中相对应的方程一致．因为牛顿的万有引力定律经历了数百年实践的考验，在弱场和低速的情况下是极为精确的．

经典引力场

前文中曾经指出，万有引力是一种"超距作用"，这种作用"瞬时即达"，中间不需要什么介质来传递．现在我们知道这种观点是不合适的．

法拉第（M. Faraday）在研究与牛顿万有引力定律有类似形式的静电相互作用定律——库仑定律时指出，静电荷在它周围的空间激发电场，电荷与电荷间的相互作用不是"超距"的，而是通过电场传递的．麦克斯韦（J. C. Maxwell）根据法拉第的观点进一步发展和完善了电磁场的理论，得出电磁场运动的普遍规律——麦克斯韦方程组，并进而证明了电磁相互作用的确是以有限的速度（事实上等于真空中的光速）传递．

万有引力也应该用"场"的观点来表达．应该认为，物体在它周围空间激发一个引力场，再通过这个引力场对其他物质产生作用.物体所激发的引力场可以用一个质量很小的质点（称为检验质点）来检验.检验质点在引力场中会受到万有引力的作用，而且当质点移动时，引力场会对质点做功.

将牛顿的引力定律改造成"场论"的形式并无太大困难，因为早有静电学的先例.例如，仿照电场强度，可以将单位质量的检验质点所受到的万有引力定义为"引力场强度"；仿照"电势"，可以将单位检验质点在引力场中某点的势能定义为"引力势"；等等.在静电学中，若已知各点的电势，就意味着知道了各处的电场；同样地，确定了各点的引力势也就是确定了引力场.

在经典力学中，物质的分布可以由空间各点的质量密度 ρ 来描写.若将引力势记为 φ，则根据牛顿万有引力定律，可以推出经典形式的引力场方程为

$$\nabla^2 \varphi = 4\pi G \rho \qquad (3.4.1)$$

其中 G 是万有引力常量，而 ∇^2 是表示对 φ 进行某种特定的微分运算的符号（称为拉普拉斯算符），在直角坐标系中可以写成

$$\frac{\partial^2 \varphi}{\partial x^2} + \frac{\partial^2 \varphi}{\partial y^2} + \frac{\partial^2 \varphi}{\partial z^2} = 4\pi G \rho$$

如果读者对电磁学定律的微分形式有所了解，相信不难发现它同由电荷分布决定静电场的公式完全类似（也理应如此，因为牛顿万有引力定律与库仑定律两者在形式上也是类似的）.

场强度

质量为 m 的质点（或具有球对称质量分布的物体）所激发的引力场，对置于距质点（或球心）r 处的检验质点的引力，按牛顿定律有

$$F = -G\frac{mm_0}{r^2}r_0$$

式中 r_0 为由 m 指向 m_0 的单位矢量．单位质量所受到的引力称为引力场强度，由上式易见，引力场强度为

$$g = \frac{F}{m_0} = -G\frac{m}{r^2}r_0 \qquad (3.4.2)$$

由此式可见，引力场强度与检验质点无关，只由产生引力场的质量 m 及至场源的距离 r 决定．

引力势

由于检验质点在引力场中受到引力的作用，因此在移动过程中引力场要对它做功，这功是以引力场和检验质点的相互作用势能减少为代价的．可以证明，中心对称引力场中的引力势能为

$$E_p = -\frac{Gmm_0}{r}$$

单位检验质量的势能称为引力势．由上式可见，引力势为

$$\varphi = \frac{E_p}{m_0} = -\frac{Gm}{r} \qquad (3.4.3)$$

上式说明了引力势是引力场本身的属性，仅由 m 和 r 决定，与检验质点是否存在无关．检验质点只不过是把这种属性检测

出来罢了.

地球附近的引力势

设地球的质量为 $M_\oplus$，半径为 $R_\oplus$，与地面高度差为 h 的两点的引力势之差为

$$\begin{aligned}\Delta\varphi &= \varphi(R_\oplus+h)-\varphi(R_\oplus)\\ &= \frac{-GM_\oplus}{R_\oplus+h}-\frac{-GM_\oplus}{R_\oplus}\\ &= \frac{GM_\oplus h}{R_\oplus(R_\oplus+h)}\\ &\approx \frac{GM_\oplus h}{R_\oplus^{\,2}} \quad (\text{因为 } h \ll R_\oplus)\\ &= gh\end{aligned} \quad (3.4.4)$$

式中 $g = GM_\oplus/R_\oplus^2$ 为地面附近引力场强度的大小，亦即地面附近重力加速度的大小.

若选取地球表面处为势能的零点，即 $\varphi(R_\oplus)=0$，则式（3.4.4）可改写成

$$\Delta\varphi = \varphi(h) = gh$$

可以看出，广义相对论是一种新的引力理论. 它不同于牛顿引力理论，牛顿引力理论所刻画的仅仅是静止源的引力场，即静态的引力场；而广义相对论描述的却是一般的、做任意运动的引力源所产生的变化引力场. 可以说，广义相对论是在有引力的条件下，对狭义相对论的推广，而狭义相对论是广义相对论在没有引力的情况下的结果.

3.5 广义相对论的实验验证

广义相对论建立以来，先后已有许多其所预言的可观测效应得到了实际验证，显示出广义相对论的确是具有重大意义的相当成功的理论．特别是近年对黑洞和引力波的观测验证，震撼了科学界，韦斯（R. Weiss）、索恩（K. S. Thorne）、巴里什（B. C. Barish）因此获得了 2017 年诺贝尔物理学奖，我们将在后面专题介绍．本节先对几个所预言的可观测效应作介绍，同时也有助于我们对广义相对论的内容有更深入的了解．

一、广义相对论验证之一：水星近日点进动

按牛顿力学，行星的轨道是以太阳为焦点的椭圆形闭合曲线，实际天文观测到水星在近日点有进动，所谓进动是指绕太阳运行的椭圆轨道的远日点（或近日点）位置会随着时间推移而发生缓慢变化，如图 3.5.1 所示．牛顿理论预言每世纪近日点有 5557.62″ 的进动，但实际的观测比牛顿理论的计算值多了 43.11″，这成了世纪之谜．直到广义相对论成功预言了水星在近日点的进动，每世纪应有 43.11″ 的附加值．这是时空弯曲对牛顿反平方定律的修正，可以看作是广义相对论早期重大验证之一．

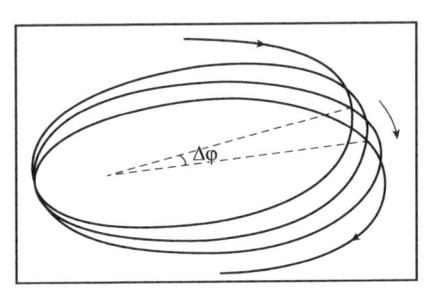

图 3.5.1 水星近日点进动

这个实验验证，是爱因斯坦根据已有的观测数据理论计算的结论得到的，因此是广义相对论的第一个验证.

二、广义相对论验证之二：光线的引力偏转

引力场中粒子的运动速度变慢

参考图 3.4.2，由广义相对论，可知 S 系（惯性系）中观测到 S' 系（引力场）中的时间膨胀和长度收缩分别为

$$dt = \frac{dt'}{\sqrt{1-2GM/(c^2 r)}} \quad (3.5.1)$$
$$dr = dr'\sqrt{1-2GM/(c^2 r)}$$

因而粒子的运动速度为

$$v = \frac{dr}{dt} = \frac{dr'}{dt'}\left(1-\frac{2GM}{c^2 r}\right) = v'\left(1-\frac{r_s}{r}\right) \quad (3.5.2)$$

其中

$$r_s = \frac{2GM}{c^2} \quad (3.5.3)$$

称为施瓦西（Schwarzschild）半径，这是为纪念广义相对论创立不久，1916年施瓦西得到第一个有物理意义的场方程的解而命名的.由此可推论引力场粒子的运动速度变慢（注意：这是远离引力场的惯性系观测到的结果，而在当地的观测者，仍然观测到不变的结果）.

引力场中光速变慢

若我们讨论的粒子是光子，则在远离场源的观测者，观测到离场源 r 处的光速变慢为

$$c = \frac{\mathrm{d}r}{\mathrm{d}t} = \frac{\mathrm{d}r'}{\mathrm{d}t'}\left(1 - \frac{2GM}{c_0^2 r}\right) = c_0\left(1 - \frac{r_\mathrm{s}}{r}\right) \qquad (3.5.4)$$

其中 c_0 为当地观测者观测到的光速（也就是通常的不变光速）.

可见，当 $r = r_\mathrm{s} = \dfrac{2GM}{c_0^2}$ 时，$v = 0$，$c = 0$，即远离场源 M 的观测者，观测到此时粒子的速度为零，光速也为零.以 M 的中心为球心、$r = r_\mathrm{s}$ 为半径的一球面称为"视界"，意即在此界面上光速为零，界面内的事物就不能为远离的观测者所看见.

事实上，若非 M 很大，粒子 m 达不到 r_s 便被 M 的表面所阻，即 m 至多与 M 碰撞，不可能观测不到.但若 M 足够大（例如若干个太阳质量），则 r_s 有可能比该天体坍缩后的半径大，于是 m 便掉入视界内，一点信息都不能发出来.这样的天体叫做"施瓦西黑洞".

光线的引力偏转

从上面讨论过的局部惯性系来看，光线同样要受到引力

143

场的影响而"走弯路".这一点可以简单地推理如下.

在无引力空间的一个惯性系内,光线当然是沿直线行进的.设当舱B相对于某惯性系S'静止的瞬间,有一束光从M点射入,如图3.5.2(a)所示.在S'系中,光线与舱B的加速方向刚好垂直,在相等的时间间隔内依次通过N、O、P、Q各点.图3.5.2(a)中虚线方框表示光线射入时B的位置.

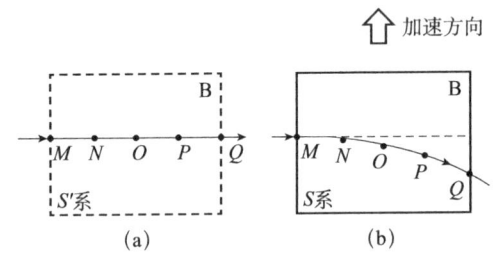

图3.5.2 静止系中的直线光束(a)在加速系中变成弯曲光束(b)

由于舱B在此后加速上升,相对地,里面的观测者将观察到光线在匀速地横越梯舱的同时,有一个"向下"的加速运动,类似于大家熟知的平抛物体.因此光线成了一根曲线——抛物线,如图3.5.2(b)所示.当然,就舱B而论,这只不过是它相对于某个惯性参考系做加速运动的结果.

现在来引用等效原理.既然在3.2节中的图3.2.1中的舱A与舱B是无法区分的,包括利用光学实验也是如此,那么,一束光线在舱A内也应同样被弯曲.但是,舱A没有通常意义下的加速运动,因此,光线的弯曲只能归因于引力场(参见图3.5.3).

第 3 章 广义相对论有多奥妙？

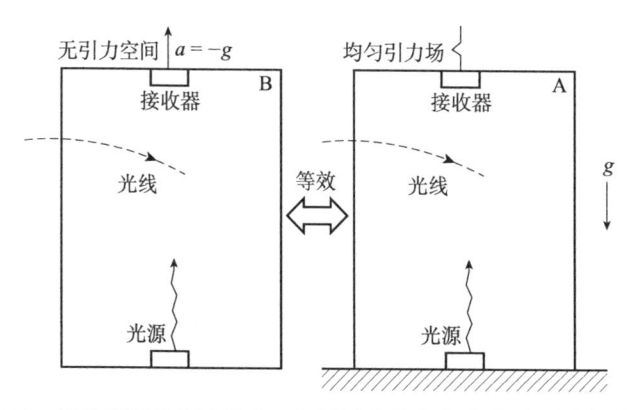

图 3.5.3 等效原理的推论指出，加速系中的光束（a）和引力场中的光束（b）都是弯曲的

以上的论证表明：作为等效原理的推论，光线的确应该被引力场所弯曲．这同人们的经验似乎不一致，其实，除非引力场很强，这个效应一般是很弱很弱的．在地面引力场中，光线的弯曲通常不会被觉察，故等效原理的这个推论并不与常识相悖．不过话又说回来，不能因此就认为，光线被引力场弯曲的效应在任何情况下都不可能被觉察．下文将会讲到：正是由于成功地观测到掠过太阳边缘的那些星光被太阳引力场稍微改变了方向，才最终使得广义相对论名声大振；这个效应对于我们进一步窥探时空的几何性质，也有着深刻的理论意义．

另外，上述光速在引力场中变慢的规律，也可定性地得到光线在引力场中走弯路的结论（参看示意图 3.5.4）．

(a) 光线的引力偏转

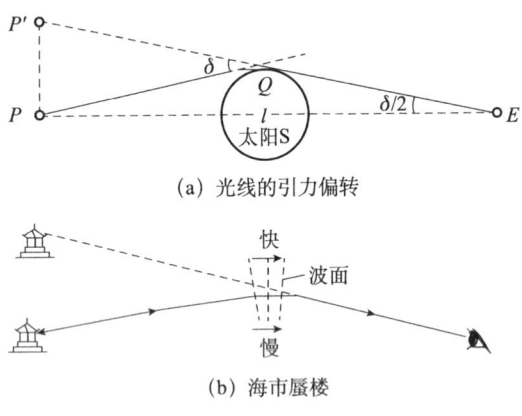

(b) 海市蜃楼

图 3.5.4　光线偏转示意图

此外，也可通过时空弯曲，使星光沿"短程线"到达观测者所在之处，而观测者又以光沿直线传播的习惯思维想象星星的位置偏离了原来的位置（图 3.5.5）.

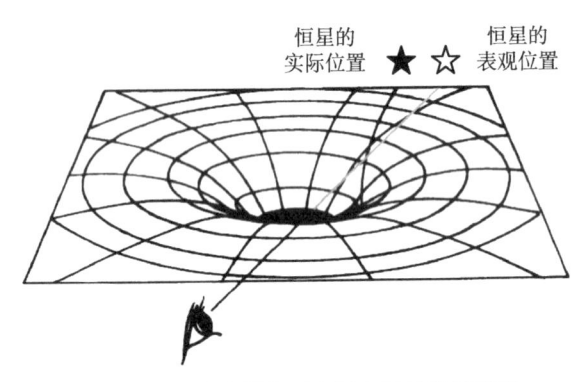

图 3.5.5　光线在模拟引力场中偏转的示意图

爱因斯坦首先于 1911 年利用波传播的惠更斯原理及不同波面处的光速不同的情况，推算出远处恒星的星光在掠过太阳表面时的偏转角为

$$\delta = \frac{2GM_\odot}{c^2 r_\odot} = 0.87''$$

其中 $M_\odot$、$r_\odot$ 分别为太阳的质量和半径. 这是只考虑钟慢效应所得的结果，只等于他后来（1916 年）同时也考虑尺缩效应的正确结果的一半. 正确的偏转角应为

$$\delta = \frac{4GM_\odot}{c^2 r_\odot} = 1.75'' \qquad (3.5.5)$$

由于阳光异常强烈，可见光在太阳附近的偏转只能在日全食时观察到. 1919 年，英国天文学家爱丁顿（Eddington）组织了两个观测队到南美洲和非洲在日食时进行观测. 在巴西所得的结果是 $1.5''\sim 2.0''$，在误差范围内观测和理论一致.

更好的观测数据来自近年射电天文学家的测量，他们是利用脉冲星或射电源进行测量的，一个漂亮的结果是 1975 年对射电源 0116+08 的观测. 此射电源每年 4 月中旬被太阳遮掩，射电天文学家利用这一有利时刻，观测到天线电波的偏转角是 $1.761'' \pm 0.016''$，这和广义相对论的理论计算值 $1.75''$ 符合得相当好.

三、广义相对论验证之三：引力透镜

按广义相对论，光线经星球附近会发生引力偏转. 1936 年，爱因斯坦证明，引力偏转使球对称引力场出现引力透镜效应，一般形成双像（图 3.5.6），但两像十分靠近，不易分辨. 特别是当观测者、天体透镜和天体物精确在一连线上时，

镜像成一个围绕连线中心的圆环，称为"爱因斯坦环". 但是，在20世纪30年代能够观察到的宇宙范围很小，满足上述成像的条件概率很小，实际上不可能观测到.

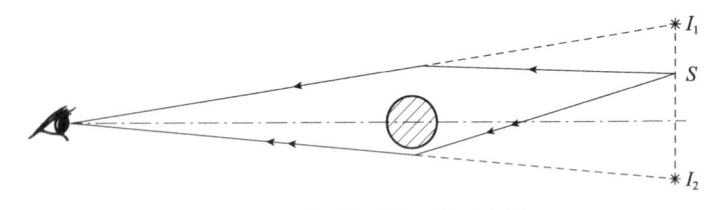

图 3.5.6　球对称引力透镜示意图

引力透镜与光学透镜的差别

引力透镜与光学透镜不同，它的会聚作用是散焦的，犹如一个玻璃酒杯底部会聚作用那样（图 3.5.7），因此它的成像情况十分复杂.

然而到了20世纪50年代末60年代初，发现距离很远、光度强的射电类星体以及观测手段的提高，使人类观测宇宙的范围大大扩展，不断观测到引力透镜成像的事例.

1957年，瓦尔什（Walsh）等发现一对孪生类星体 QSOs0957 + 561A\B，它们之间的角分离只有 $5.7''$，发射光谱和吸收光谱几乎完全一致，红移量也都为 1.4. 后经多方面观测，确认这是引力透镜的第一个事例. 以后又陆续发现其他一些甚至是多重的事例，特别是哈勃空间望远镜上天以后，更是直接拍摄到许多有关引力透镜成像的照片，如图 3.5.8～图 3.5.10 所示.

第3章 广义相对论有多奥妙？

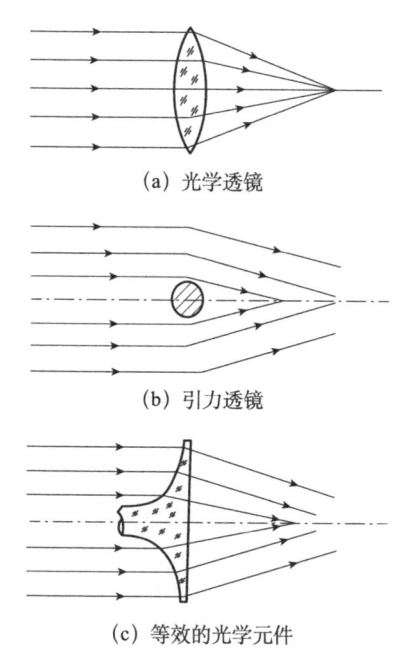

(a) 光学透镜

(b) 引力透镜

(c) 等效的光学元件

图 3.5.7　光学透镜与引力透镜聚焦示意图

| J073728.45+321618.5 | J095629.77+510006.6 | J120540.43+491029.3 | J125028.25+052349.0 |
| J140228.21+632133.5 | J162746.44-005357.5 | J163028.15+453036.2 | J232420.93-093910.2 |

图 3.5.8　爱因斯坦环之一

149

爱因斯坦双环SDSSJ0946+1006　哈勃空间望远镜·ACS/WFC

NASA, ESA, R. Gavazzi and T. Treu (University of California, Santa Barbara), and the SLACS Team STSCI-PRCO8-04

图 3.5.9　爱因斯坦环之二

图 3.5.8～
图 3.5.10 彩图

引力透镜 G2237+0305

图 3.5.10　引力透镜成多个像

四、广义相对论验证之四：引力红移

等效原理的另一个直接推论，是光波在引力场中传播时会改变它的频率，使光谱线的位置产生移动——这个效应称为"引力红移"（实际上，谱线可以向长波方向或短波方向移动，既可以是"红移"，也可以是"蓝移"，不过通常统称为红移，而用"红移量为负值"表示蓝移）．

让我们再回头看图 3.5.3. 假设舱 B 的底部有一光源，它发出频率为 ν_0 的光，由舱顶处的接收器接收．发光时，光源瞬时地相对于某惯性系静止．由于舱 B 的加速运动，当接收器在稍后的时刻接收到这个光信号时，它相对于该惯性系已经不再静止，而是向上运动的，其瞬时速度等于舱 B 的加速度与光信号传播时间之积．接收器相对于光源的这个运动会产生多普勒效应，就如同一列离我们远去的列车的汽笛音调会降低一样．接收器所接收到的光信号频率应小于 ν_0，就是说发生了"红移"．再一次引用等效原理，舱 A 内也应观察到同样的红移现象，不过，舱 A 中光源与接收器之间没有相对运动，红移应归因于引力的作用．

引力红移的预言后来确实在天文观测和地面实验中被证实．这个效应的理论意义也是不可低估的．在近代，最精确的时间计量是由所谓原子钟提供的，它以某个原子的某条特征谱线的频率作为基准．若设想上文中的 ν_0 正是某个原子钟的基准频率，就是说，在舱底处的这个原子钟每秒"嘀嗒" ν_0 次．这时，在舱顶的一个观测者通过接收它发出的光波将会得出结论说：它比起舱顶处一个同样结构的原子钟"走得慢".准确一点说,就是舱顶原子钟"嘀嗒"次数小于 v_0 次的时间间隔里,舱底那个原子钟"嘀嗒"已到 v_0 次.反过来说,若从舱底接收从舱顶的原子钟发来的光信号,它将发生蓝移(即"负的"红移),因而舱底的观测者发觉舱顶的钟"走快了".由此可见,引力红移暗示着不同地点的标准钟会有不同的走时速率.

在狭义相对论中,两个相对运动的钟有不同的时率,但相对静止的标准钟快慢是一样的,它们可以一劳永逸地互相对准.而现在新的情况又出现了.在引力场中,甚至不同地点的两个相互静止的钟也走得不一般快慢了.这也强烈地暗示着:在引力场中,时空可能具有不同寻常的性质.

若天体发射光波(光源)的固有周期为 T_0,相应的频率为 v_0,按(3.5.1)式,远离引力场源的观测者观测到光的周期 T 变长,频率 v 变小,颜色变红,即

$$T = \frac{T_0}{\sqrt{1-\frac{2GM}{c^2 r}}}$$

$$v = \frac{1}{T} = \frac{\sqrt{1-\frac{2GM}{c^2 r}}}{T_0} = v_0 \sqrt{1-\frac{2GM}{c^2 r}} \quad (3.5.6)$$

引力红移效应是非常小的,直到 20 世纪 60 年代以后才得到比较确定的结果.1961 年观测了太阳光谱中的钠谱线的引力红移;1971 年观测了太阳光谱中的钾谱线的引力红移;1971 年观测了天狼星伴星光谱中的钾谱线的引力红移;1958 年庞德(Pound)等人完成了第一个地面上的引力红移实验.

五、广义相对论验证之五：雷达回波延迟

引力场中光速变慢的一个可观测效应是雷达回波延迟．广义相对论预言，雷达回波将延迟一段时间．

1964 年，夏皮洛（I. Shapiro）在广义相对论经典的实验验证（水星近日点进动、引力红移和光线偏转与引力透镜成像等）之外，提出了一个新的用雷达回波信号的延迟来检验引力场中光速变慢的方案，这就是广义相对论的另一个重大的实验检验．

雷达回波实验的设计思想是从地球 E 上向太阳另一边的行星 P 发射一束雷达波（高频电磁波），在掠过太阳旁边到达 P 并随即反射回到地球 E 上（图 3.5.11），测量其间所经过的时间，然后与理论计算的结果进行比较．

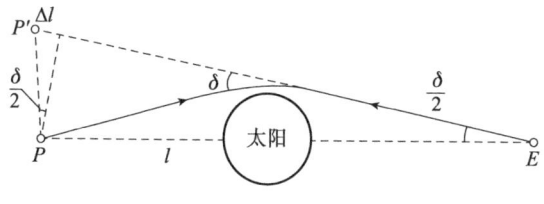

图 3.5.11 雷达回波实验示意图

假定地球与行星的距离 $\overline{EP} = l$，则按经典力学，雷达波来回所需的时间为 $t = 2l/c$，其中 c 为光速，亦即雷达的传播速度．但事实上，由于太阳引力场的影响，雷达波来回的时间比 t 延迟了 Δt．

有人说雷达波束掠过太阳表面时，产生延迟的原因是引力使太阳附近的空间弯曲，从而增加了波程．这种定性的解释

看似有理，但是若做一些粗略的估算就可以看出这种解释是错误的．一般来说，地球与行星的距离 $\overline{EP}=l\approx 10^3$ 光秒（即光在 10^3 s 内所走过的距离），偏转角 $\delta\approx 2''\approx 10^{-5}$ rad，因光线弯曲而导致的波程增加由图 3.5.11 可见，为

$$\Delta l \approx l\cdot\frac{\delta}{2}\cdot\frac{\delta}{2}\approx 10^3\times\left(\frac{10^{-5}}{2}\right)^2\approx 2.5\times 10^{-8}\text{（光秒）}$$

用光速不变值 c 来除，得往返的总延迟时间为

$$\Delta t = \frac{2\Delta l}{c}\approx 5\times 10^{-8}\text{ s}\approx 5\times 10^{-2}\text{ μs}$$

而实际测量的结果为 $\Delta t\approx 10^2$ μs，与理论计算值相差 4 个数量级．由此可见，雷达回波延迟的主要原因是上述的光速在引力场中变慢而不是波程增加[①]．

广义相对论的理论计算预言，对于金星，$\Delta t\approx 2.05\times 10^2$ μs．夏皮洛等人在 1971 年测量的结果与此偏离不到 2%，这个实验结果与理论比较可以说是符合得相当不错了．当然，今后如能在某些行星上放置激光反射器（像在月球上那样），利用激光的回波（反射）延时，应该会有更准确、更有说服力的结果．

[①] 郑庆璋，崔世治．广义相对论基本教程．广州：中山大学出版社，1991：249-252．

选读

全球定位系统的相对论修正[①]

传统的观念认为,狭义相对论的运动学效应只有在微观世界中才明显出现,才有实际应用;而广义相对论则由于引力微弱,只有在宇观世界方显作用.然而,全球定位系统(global positioning system,GPS)的开发,引起了大家对相对论在日常生活应用中意义的重视.

GPS 至少由 24 颗卫星所组成,分成六个轨道,运行于约 20200 km 的高空,绕地球一周约 12 小时.由此可保证地面上任何地方、任何时刻的接收器,都能无障碍地接收到 4 个卫星发射的载有卫星轨道数据及时间的无线电信号,实时地计算出接收机所在位置的坐标、移动速度及时间.GPS 的卫星与地面接收机的相对运动如图 3.5.12 所示.

由于信息传递速度光速是不变量,因此精确定位的关键是卫星发射信号的时刻和接收机收到信号的时刻差.准确度在 30 m 之内的 GPS 接收机就意味着它已经利用了相对论效应的修正.相对论认为,快速运动的钟走时率要比静止的慢,而在较强引力场中的钟也比在较弱引力场中的要慢.由于运动原因,GPS 卫星钟每天要比地面钟大约慢 7 μs,而引力施加了更大的相对论效应,使卫星钟大约每天要比地面钟快 45 μs.两种效应共产生 38 μs 的偏差,在

[①] 本文的主要内容曾发表于"郑庆璋,罗蔚茵.全球定位系统(GPS)的相对论修正.物理通报,2011,40(8):6-8",略有修改.

这段时间内, 光走过约 11 km 的距离, 可谓"差之毫厘, 谬以千里".

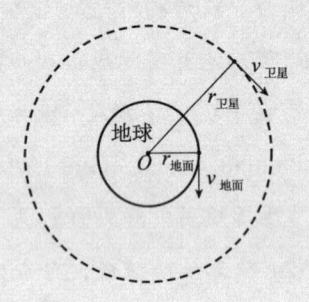

图 3.5.12　GPS 的卫星与地面接收机的相对运动

《全球定位系统（GPS）的相对论修正》一文在相对论的物理基础上, 介绍对 GPS 时钟不同步修正的基本思想, 并粗略作一些数值估算. 为什么通常十分微弱的引力在 GPS 的修正中起主要的作用? 这是因为运动效应在此情况下更微弱. 因此, 要准确定位, 就不能不考虑相对论修正. 如要更进一步提高定位的精度, 还要考虑卫星沿着一个偏心轨道, 有时离地球较近, 有时又离得较远; 要考虑地面钟的运动以及太阳引力梯度的影响等, 作更深入的分析和细致的精密计算. 如有兴趣了解估算的物理基础和具体数据可参看《全球定位系统（GPS）的相对论修正》原文.

相对论的应用, 不再是微观世界高速运动的粒子或宇观世界大尺度时空的"专利", 已经深入到日常生活中的 GPS 或其他需要精密计算的领域.

3.6 黑洞——高度弯曲的时空

黑洞和引力波作为广义相对论的两个重要预言,近几年也终于得到了实验的直接证实,为广义相对论奠定了坚实的实验基础. 2020年度诺贝尔物理学奖,其中一半奖金授予罗杰·彭罗斯(Roger Penrose),表彰他"发现黑洞的形成是广义相对论的有力预测";另一半奖金授予莱因哈德·根泽尔(Reinhard Genzel)和安德里亚·格兹(Andrea Ghez),因为他们"在银河系中心发现了一个超大质量的致密天体".

黑洞是广义相对论的一个引起广泛兴趣的预言. 什么是黑洞呢?粗略地说,它就是一类引力强到连光也无法逃逸的特殊致密天体. 广义相对论中对黑洞的定义是"时空中光也无法逃逸的区域". 所以黑洞是"黑"的. 而按照广义相对论的观念,它也就是一片"高度弯曲的时空". 对这样一个区域深入的研究揭示:它可能具有不少惊世骇俗的奇特性质.

沸腾的黑洞,

你将把物理学引向何方?

透过奇异的黑暗,

辐射出新世纪的曙光[①].

一、牛顿引力论中的黑洞

关于黑洞的思想其实早在约200年前,即远在相对论建立之前就已经出现了. 在中学物理中也会讨论关于卫星挣脱中

---

① 引自"赵峥. 黑洞与弯曲的时空. 太原:山西科学技术出版社,2001".

心体的引力而逃逸的问题，知道什么是"逃逸速度"吗？在空间技术已经有了相当发展的今天，相信读者对此不会感到陌生．对于一个质量为 M，半径为 R 的球体来说，恰好在它表面上的一个质量为 m 的质点的引力势能绝对值等于 GmM/R，故试验质点能够自球体表面逃逸的最小速度可以容易地算出

$$\frac{1}{2}mv^2 = \frac{GmM}{R}$$

$$v_{逃} = \sqrt{2GM/R}$$

这个速度称为逃逸速度（如果将地球质量和半径的数值代入，便是通常所谓的"第二宇宙速度"．它是从地球表面将一个物体发射到地球引力场以外所需具有的最低限度的速度）．从上式中不难看出，质量越大、半径越小的球体，其逃逸速度越大，如果令

$$R < \frac{2GM}{c^2} \quad (c \text{ 为真空中光速})$$

则有 $v_{逃} > c$．这意味着什么呢？如果假定光也同一般物体一样受万有引力作用，那么上述条件下光线就不可能克服引力场而"逃逸"．换句话说，球体表面的引力是如此之强，以至于一个远方的观测者甚至无法接收到由球面发出的光线，因而球体是绝对黑体．

上述观念最早见于 1783 年英国一名业余天文爱好者迈克尔（R. J. Michell）写给著名物理学家卡文迪什（H. Cavendish）的信中．15 年后，著名数学家、物理学家和天文学家拉普拉斯（Laplace）也讨论了这种牛顿引力论中的"黑洞"，尽管当

时并未使用这样一个名称.今天,人们通常称之为拉普拉斯黑洞.

广义相对论同样预言有黑洞的存在,不过,它与拉普拉斯黑洞并不完全相同,而且物理内涵比拉普拉斯黑洞要丰富得多.了解相对论黑洞的一条最好的途径是进一步考察施瓦西时空(与 3.5 节介绍的施瓦西半径有关的时空),即考察在一个静态球对称、不带电物体周围时空的结构和性质.

二、施瓦西黑洞

在广义相对论建立的早期,由于人们对这一充满革命性的理论知之甚少,在探索这一理论的过程中也曾遇到许多"困惑".广义相对论中的爱因斯坦引力场方程是一个高度耦合的非线性方程,对这种方程的求解是一个极为困难的事情.早期人们只能够求解一些具有高度对称性的情况,其中最早的一个结果就是由德国物理学家施瓦西在广义相对论提出后一个月得到的真空球对称解——施瓦西解,这也是第一个真正意义上的黑洞解.让我们假定中心物体的质量 M 理想化地集中于一点,记该点的坐标 $r=0$,那么 $r>0$ 的整个区域都应由 3.5 节中的施瓦西时空描述.

回忆 3.5 节中关于引力场中钟慢效应的讨论,我们记得,一个无限远处的观测者会认为引力场内各处的钟以 $\sqrt{1-(r_s/r)}$ 的比例"变慢".这种"钟慢效应"是可以观测的,因为该处的原子钟所发出的光谱线的波长变长了,即发生了所谓引力红移.越是接近中心物体（r 越小），红移量越大，或者说钟走得越慢.在施瓦西半径 $r_s = 2GM/c^2$ 处，一个奇特的现象出现了：从远处观测，该处的时钟仿佛停住不走了！而该处发出的任何光波的波长都变成无限大，这表明该处的强大引力导致了"无限红移".正因为如此，人们把 $r = r_s$ 的各点所组成的曲面称为无限红移面，亦称施瓦西面.既然光波波长变为无限大，也就是说振动频率为零.远处的观测者实际上已探测不到施瓦西面上（以及它的里面）各点所发的光了，于是，$r \leq r_s$ 的区域便是一个黑洞，称为施瓦西黑洞.

视界和奇点

但是相对论既然认为光速是一切实际的物质运动或信号传递速度的上限，那么"光线传不出来"就不是一个孤立的问题.可以合理地认为，这表明任何物质都不可能从黑洞逃出，任何信息都无法从黑洞传出.从这方面看，施瓦西面仿佛一个"单向膜"，它的学名叫做视界.因为，黑洞中发生的任何事件，都从外界观测者的视野中消失了.视界的这种"单向"性质在广义相对论中实际上可以更精巧和严谨地加以讨论和证明.

黑洞的一个典型特征是：一旦有物体穿过视界进入黑洞便再也无法逃逸出来，即"只进不出".黑洞的另一个重要特征是黑洞内部通常会存在一个奇点，这也是彭罗斯获得 2020 年度诺贝尔物理学奖的工作.随着时间的流逝，黑洞内物体的 r 最后都要减小到零.这一点，正是我们的理想化模型中，质量 M 的集中点.有限的质量集中到一点，质量-能量密度为无穷大；相应地，时空曲率也变为无穷大，也就是说，引力场的作用无限地强．由于这种奇异的数学–物理性质，$r = 0$ 处被称为奇点，任何物体撞到奇点上都不可避免地受引力作用而毁坏．

设想有一位太空冒险家，他驾驶宇宙飞船闯进某个施瓦西时空并且接近施瓦西面．如果他忽然觉得不妙，及时设法挣脱该处的引力场而逃逸，这算是他的幸运．因为只要飞船装备有足够强大的推力（加上他还没有被引潮力撕碎或拉伤，还能操纵飞船），原则上还是可以逃脱的．然而，如果他错过了时机，一旦飞船进入黑洞，便走上了一条倒霉的不归路，在极短的时间之内（以他自己的时钟来计算），必然灾难性地撞上时空奇点．不过，黑洞外面的观测者倒是看不见这灾难性的一幕，甚至连这位冒险家进入黑洞后可能发出的呼救信号也是接收不到的，因为视界隔断了来自黑洞内的所有光线和信息．

按照上文关于引力场中钟慢效应的讨论，还可以进一步作出下述推断：如果这位冒险家在引力场中自由下落，以他的固有时作标准，飞船将做加速运动（以光速为极限）；但若以无穷远处观测者的钟为准（它按坐标时行走），那么，飞船经过一段加速之后会减速，最后，在施瓦西面上速度趋于零．这奇怪吗？一点也不．因为那里的时钟也"停住"了（实际上也不会"看见"飞船停在施瓦西面上，因为由于引力红移效应，飞船在下落过程中也变得越来越"红"，越来越暗．当它无限地接近施瓦西面时，更是完全看不见了）．"速度趋于零"意味着"飞船穿越施瓦西面要花费无限长的时间"．那么，以后的故事呢？对于远处的观测者来说，冒险家进入黑洞以至落向奇点的整个历程，发生在"$t \to \infty$以后"。其实冒险家自己也不可能真正"亲身经历"这整个过程，因为在撞向奇点之前，强大的起潮作用会使他经受不住，他的躯体连同飞船一起迟早会变成一堆无生命的残骸。

以上种种关于施瓦西黑洞的结构和奇特现象的说法，都是有着严格的理论推证支持的，只不过在这里作为科普读物，不宜引证罢了。有一段时间，广义相对论的这些预言并未引起广泛兴趣。这可能是因为，一般认为实际物体的密度通常不会太大，它们外面的真空区域应该远在施瓦西面之外。即使当时人们较熟悉的庞然大物——像太阳、地球等天体，情况也确是如此。但是，随着对天体演化过程研究的不断深入，人们开始不得不认真对待黑洞存在的可能性了。

三、恒星的晚年和引力坍缩

天空中的恒星其实并不是永恒不变的。按目前公认的理论，它们有一个漫长的演化过程。最初，一些稀疏的"星前"物质彼此吸引聚成一团，然后继续在引力作用下收缩，温度随之升高。一旦温度达到所谓"核点火"温度，便开始发生一系列核反应。由于核反应将释放出巨大能量，这时星体便向外大量辐射光和热，这个作用"顶住"了引力，使星体处于一个漫长的恒稳阶段。这个时期的恒星称为主序星。例如，太阳目前便是这样一颗主序星；天空中肉眼可见的多数星星也是主序星.研究指出,太阳进入主序星阶段已经有50亿年了,它还能够靠核反应继续维持稳定的光和热辐射大约50亿年.但是,核燃料终究会有耗尽的一日.不同质量的恒星在或长或短的主序星阶段之后将要再一次在自身的引力作用下收缩,这时它便进入了其演化的最后阶段.

按目前公认的理论,恒星将视其质量大小分别达到三种不同的结局.质量与太阳相仿或更小一点的恒星会演化成所谓"白矮星".质量更大一点(为1~3倍太阳质量)的则通过一次壮观的"超新星爆发"后演化成"中子星".白矮星和中子星都是密度极大的天体,平均密度分别可达 10^7 g/cm^3 和 10^{15} g/cm^3,这种高密度的物质内有一种来源于量子效应的向外的压力,叫做"简并压".白矮星和中子星就是分别靠电子间的简并压和中子间的简并压,去抗衡强大的自引力,维持星体的稳定结构而不再变化的.然而,如果恒星的质量更大一些,是太阳的质量3倍以上,那么,就连简并压也不足以抗衡万有引力了,不但是简并压,甚至一切已知的其他作用也都无法与引力抗衡,于是星体不可避免地会急剧地一直收缩下去,这称为引力坍缩或"引力坍塌".一个球对称的星体一旦坍缩到与其质量相对应的施瓦西半径,一个施瓦西黑洞便形成了.

近代对天体演化过程的认识激起了人们对黑洞的浓厚兴趣,不过,人们知道,严格球对称的天体是很罕见的.只研究施瓦西黑洞是不足够的,那么,还有没有其他类型的黑洞呢?进一步的研究告诉我们:有,但是种类并不多.可以这样理解:如果存在一个黑洞,它将"吞食"周围的物质,而由于视界的存在,被吞食的物质的多数特性(形状、颜色、内部结构等)也同时被吞掉了,能够在外部留下痕迹的特性是不多的.

四、黑洞无毛

虽然黑洞看起来很复杂、很神秘,但是事实上刻画黑洞却非常简单.对于一般含有电磁场的引力系统,刻画黑洞只需要三个参数:黑洞有多重、带多少电荷、转动有多快.也就是说,只要给定质量、电荷和角动量三个参数,就可以唯一地确定一个黑洞.这就是广义相对论中黑洞的唯一性定理(也叫无毛定理).不论前身多么复杂,一旦黑洞形成后,人们对黑洞所能获取的信息只有质量、电荷和角动量,其他的信息全部丧失了.从这个意义上来说,黑洞又是宇宙中最简单的一类天体.20世纪60至70年代,科学家对这个问题进行了广泛的研讨.惠勒(J. Wheeler)首先提出一条定理:黑洞"无毛".就是说,一个稳定的黑洞是非常简单的物体,它只有三种特性:质量、电荷和角动量.换句话说,不管多复杂的物体,当它落入黑洞以后,只有它的质量、电荷和角动量加到黑洞原先的质量、电荷和角动量上去,在外部引力场和电磁场中留下痕迹;而其他一切信息都被视界阻断了.这个论断,也经霍金(S. Hawking)等的出色工作所证明.

施瓦西黑洞是最简单的一类黑洞,它只有质量而不带电荷,也不自转;既有质量又带电荷的称为瑞斯纳–诺德斯特林

（Reissner-Nordstrom）黑洞；电中性的，但是带有角动量的则是克尔（Kerr）黑洞；最一般的是克尔–纽曼（Kerr-Newman）黑洞，它具备全部三个参量：质量、电荷、角动量，既带电荷又旋转．这些黑洞的存在及其结构，都是由爱因斯坦场方程相应的解所预言的．

五、黑洞何处觅芳踪

现今科学界普遍愿意相信黑洞现实存在．因为根据近代的天体物理学理论，有很多种机制能够产生黑洞．

（1）恒星演化的终局．如前文所述，一颗质量超过某个上限的恒星将最后坍缩为黑洞．据估计，宇宙间这类黑洞的数目巨大，其质量在几个到几十个太阳质量之间．

（2）按照近代的宇宙演化理论，在宇宙早期，物质的密度极大．因此，密度的微小起伏很容易导致黑洞的形成．这些黑洞叫做"原始黑洞"．原始黑洞的质量不定，但其中有些可能是"小"黑洞，比太阳质量小许多个数量级．

（3）在星系内，恒星通常聚集成星团．在星团演化过程中，它的中心区密度越来越大，于是恒星相互碰撞、破裂，并可能形成一个超大质量天体，继而坍缩成巨大的黑洞．这类黑洞的质量可达太阳质量的数十万到数十亿倍．

对黑洞的探测可以分为间接和直接两种方法．间接探测主要是通过监测黑洞周边的吸积盘或者伴星来确定黑洞的存在．当黑洞吞噬周围物质时，会形成吸积盘，发出各种电磁信号，电磁信号将成为寻找黑洞踪迹的探针.事实上，银河系中绝大部分的恒星级黑洞是通过黑洞吸积伴星气体所发出的X射线来识别的.如2019年轰动全球的一件大事情就是发布了黑洞的照片，这是利用黑洞周围的电磁波来探测到黑洞的.对于那些平静的黑洞，没有吸积伴星气体，黑洞的超强引力会干扰邻近星体的运动，通过明亮伴星的运动轨迹就可以推知黑洞的存在，并测量黑洞质量.比如，2020年诺贝尔物理学奖得主莱因哈德·根泽尔和安德里亚·格兹，就是通过这种方法来探测黑洞的.

实验技术的革新不仅使人类聆听到双黑洞并合产生的引力波信号，也成功实现了直接给黑洞"拍照".黑洞内外的奇妙时空令人神往，许多事件还有待人们去探索.我们正生活在研究引力和黑洞的黄金时代.但是，关于黑洞仍然存在很多未解之谜，比如黑洞的内部结构和奇点、黑洞熵的微观自由度、黑洞蒸发面临的信息丢失问题.还有一些相关的更基本的问题：黑洞的本质是什么？引力的本质是什么？对这些问题的最终解决还有很长一段路要走.但是这些问题的突破必将引导人们打开新物理的大门，而黑洞无疑将是打开这扇大门的一把关键钥匙.

第 4 章

引力波的芳踪何处觅？

4.1 别具一格的引力波

广义相对论的又一重要应用是对引力波的预言. 1915 年年底爱因斯坦给出了引力场所满足的相对论场方程——爱因斯坦场方程，并且于 1916 年对爱因斯坦场方程在平直时空背景下做线性近似，推导出了引力波所满足的波动方程及引力辐射的四极矩公式，从而预言了引力波的存在及引力波以光速传播. 爱因斯坦早在 1918 年就发表了一篇《论引力波》的论文[1]，讨论了关于引力场的传播是怎样产生的这个重要问题. 爱因斯坦讨论了用推迟势解引力场的近似方程和引力场的能量分量，以及引力场方程和平面引力波，由力学体系发射的引力波和引力波对力学体系的作用等，得出由引力波辐射能量的结论. 爱因斯坦正确地指出引力波只有两个独立自由度，即两个偏振方向（属于横波），并计算了引力波辐射的能量. 在 1937

---

[1] 爱因斯坦. 爱因斯坦文集. 第二卷. 范岱年，赵中立，许良英，编译. 北京：商务印书馆，1977：367-383.

年 1 月爱因斯坦同美国物理学家罗森（N. Rosen）又发表了另一篇《论引力波》的论文[①]，讨论了平面波问题的近似解和引力波的产生，并推算了柱面波的严格解．爱因斯坦的引力波有许多基本性质和我们熟知的声波、电磁波等有很大区别，可谓是别具一格．

引力波的存在和基本性质以及检测等问题，是当前引力理论和引力实验的前沿课题之一，它不但牵涉到引力理论的检验，还能告诉我们关于宇宙起源、演化和时空结构的信息，而且它也具有广阔的应用前景，甚至具有电磁波所没有的一些特殊性质和应用．例如，引力波的穿透性特别强，因而可以传递巨型天体内部的重要信息，在科技和军事方面也有特殊的应用，故此目前世界上不少国家都投入相当的人力物力从事引力波的研究探索工作．

一、弯曲时空的涟漪

像变化的电磁场存在电磁波那样，变动的引力场可以脱离激发引力场的源而独立传播，这种波以引力辐射的形式传输能量．这种传播着的变动引力场便是引力波（或称引力辐射）．引力波是变动引力场的传播过程．

按广义相对论的观点，引力场和弯曲时空是等价的．因此，引力波可以说是弯曲时空的涟漪．形象地说，如果把弯曲的时空简约类比成一个二维的曲面，那就比较容易理解了．例如在

---
① 爱因斯坦．爱因斯坦文集．第二卷．范岱年，赵中立，许良英，编译．北京：商务印书馆，1977：436-448．

二维的宁静的水面上"风乍起,吹皱一池春水";又或投入一块石子,宁静的水面上就会以落石处为中心激发起一圈一圈的水面波浪并传播开来;再或在三维的地底下,一个地震源激发地震波,以纵波(泥土或岩石中两粒子之间开合振动的传播过程)及横波(泥土或岩石粒子间弯曲错位的传播过程)传播开来.对于四维的时空就不大容易想象了,但是我们可以类比于二维的水面波和三维的地震波,只不过再也不是水面粒子和泥土或岩石粒子间的相对运动状态传播,而是四维时空点之间的相对运动和传播.从整体上说,那是弯曲时空的涟漪.

爱因斯坦又证明,引力波同电磁波一样,以光的速度传播,这个速度也就是引力相互作用传播的速度.引力波的存在是广义相对论洛伦兹不变性的结果,它引入了相互作用的传播速度有限的概念.相比之下,引力波不能够存在于牛顿的经典引力理论当中,因为牛顿的经典理论假设物质的相互作用传播是速度无限的,即通常所谓"瞬时作用".

宇宙通常的"结构"——星系、超星系、超星系团是宇宙空间中质量"密度"的起伏.密度是空间的"标量场"波动,而引力波却是空间的"张量场"波动.引力场的量子化称为引力子,像光子那样,引力子的静止质量也为零.

二、引力波的偏振性

爱因斯坦证明引力波是一种横波,即引力场的振动方向与其传播的方向垂直.爱因斯坦又证明,引力波与电磁波不同,电磁波是一种矢量波(振动着的电场强度和磁场强度都是矢量），而引力波是一种张量波.

具体一点讲，可以用我们习惯使用的"力线"概念来形象地说明引力波的偏振性.引力场的基本特征是存在引潮力.引潮力的力线在空间一个平面上具有如图 4.1.1 所示的形状.引潮力作用的结果是使空间中一滴球状的水珠变成一个椭球状水珠.

对于引力波，如果波沿 $x_3(z)$ 轴方向传播，则它在与之垂直的 x_1Ox_2（即 xOy）平面上的"力线"如图 4.1.1 所示.类似于静态引潮力的情形，只不过现时的力线方向交替变化，因而会使一滴球状的水珠变成忽长忽扁的水球.

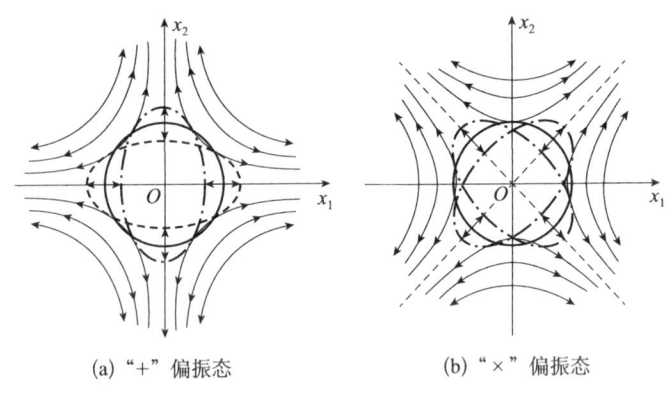

(a)"+"偏振态　　　　(b)"×"偏振态

图 4.1.1　引力波的偏振性

引力波也有两种偏态，图 4.1.1（a）所示的偏振态表明引潮力线是以 $x_1(x)$ 和 $x_2(y)$ 轴为渐近线的偏振态，简称为"+"偏振态.另一种偏振态如图 4.1.1（b）所示，表明引潮力线以和坐标轴成 45° 的两正交直线为渐近线的偏振态，简称为"×"偏振态.图 4.1.2 为三维引力波的引潮力线示意图.

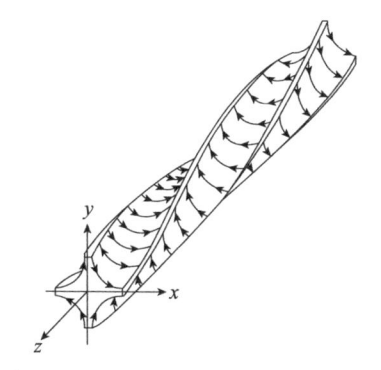

图 4.1.2 三维引力波的引潮力线示意图

三、引力波的良好穿透性

引力波的一个很重要的性质是它具有非常良好的穿透性，可以透过物质很长的距离而衰减很小，可以用来作为远距离传递信息而又不致引起衰减的一种很有前途的工具．世界上第一个从事引力波探测实验研究的美国人韦伯（J. Weber）所获得的资助来自美国的海军部．美国有许多核潜艇，为了隐蔽起见，这些核潜艇大都长时间潜伏在海水中，这样如何通信联系就成了问题．须知海水中是不能传播电磁波的，而超声波在海水中也只能传播很短的距离，稍远一点便会被吸收殆尽．因此美国海军部对引力波的良好穿透性很感兴趣，希望有朝一日能利用引力波作为通信工具．

此外，引力波的良好穿透性还可以用来获得遥远天体和某些巨型天体核心内部演化过程的信息．由于天体外围的物质对电磁波是不透明的，且太空中又到处充满物质（哪怕是非常稀薄的），这些都会使远距离传播的电磁波被吸收殆尽，而引力波就不存在这个问题.

引力波穿透性的估算

第一个用实验方法探测引力波的人是韦伯，他使用的探测"天线"是一条长为 $l = 1.53$ m，直径为 $d = 0.66$ m，质量为 $W = 1.4$ t 的铝合金圆柱体（参见图 4.1.3）. 该天线的 Q 值非常高，约为 2×10^5. 一个振动系统的 Q 值又称为该系统的品质因数，在共振的情况下，Q 值越高，吸收外来的激振能量也越大. 由这些数据我们可以算出韦伯天线纵截面的面积为 $S = ld \approx 1\,\text{m}^2$，横向的平均厚度为 $a = \pi r^2 / d \approx 0.5\,\text{m}$.

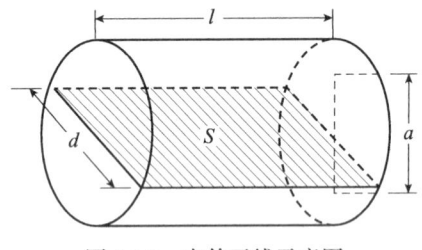

图 4.1.3 韦伯天线示意图

根据权威人士的估计[①]，韦伯天线共振时的吸收截面为

$$\sigma_{\text{Weber}} \approx 3 \times 10^{-20}\,\text{cm}^2 = 3 \times 10^{-24}\,\text{m}^2$$

可见对韦伯天线共振时的吸收率为

$$\eta = \sigma_{\text{Weber}} / S \approx 3 \times 10^{-24}$$

吸收系数为

---

① Misner C W, Thorne K S, Wheeler J A, Gravitation. San Francisco: W. H. Freeman, 1973: 1025.

$$\alpha = \eta / a \approx 6 \times 10^{-24}$$

若入射波的初始强度为 I_0，通过吸收系数为 α 的介质厚度 x 后强度降为 I，则按吸收定律有

$$I = I_0 e^{-\alpha x}$$

可见引力波通过像韦伯天线那样的介质后，强度减半的穿透距离满足关系为

$$I_0 / 2 = I_0 e^{-\alpha l}$$

由此可得

$$l = \frac{1}{\alpha} \ln 2 \approx \frac{1}{6 \times 10^{-24}} \times 0.69 \approx 10^{23} \text{m} \approx 10^7 \text{光年}$$

这就是说，引力波穿过韦伯天线类介质 1000 万光年（相当于一个星系团的线度）的距离后，强度才减弱一半，可见引力波的穿透性是多么的良好！

当然，上述估算是有些理想化的，而且也假定了引力波是很弱的引力辐射，没有引起介质中的某些激发的出现．实际的情况可能是在引力波源附近的强场中，引力波的衰减会快得多．但是不管怎样，引力波的良好穿透性是无可置疑的．

4.2 引力波源深空藏何方

一、产生强引力波不容易

引力场是由物质激发产生的，引力场的变动自然是和物

质的运动变化分不开的.但是,由于某些特殊的原因,例如,引力相互作用比电磁相互作用弱很多,引力波的辐射机制所导致等,要产生强的引力波却是不很容易的.

引力作用比电磁作用弱很多

大家知道,在通常情况下引力相互作用比电磁相互作用弱很多,尤其是在微观领域中更是如此.例如,一对正负电子,在同等距离的情况下,引力与静电力之比为

$$f_g/f_e = \frac{Gm_e^2}{r^2} \bigg/ \frac{e^2}{4\pi\varepsilon_0 r^2} = \frac{4\pi\varepsilon_0 Gm_e^2}{e^2}$$

式中 $G=6.7\times10^{-11}$ N·m²/kg² 为万有引力常量,$\varepsilon_0 = 8.9\times10^{-12}$ F/m 为真空中的介电常量,$e=1.6\times10^{-19}$ C 为正、负电子电荷的大小,$m_e = 9.1\times10^{-31}$ kg 为正、负电子的质量.把这些数值代入,得

$$f_g/f_e = 2.5\times10^{-43} \approx 10^{-43}$$

质子的质量 $m_p \approx 2\times10^3 m_e$,即质子与电子间相互作用的比值仍达 10^{-38},可见二者的差异非常悬殊,这说明在地球的实验室中要产生足够强度的引力波是十分困难的.

然而,天体物理过程与此有所不同.天体中一般不能积聚大量的电荷,而天体的质量又巨大.以一个大家常见的天体——太阳为例,其质量即达 $M_\odot \approx 2\times10^{30}$ kg,更何况星系中包含着成千亿个太阳的质量(银河系的质量 8×10^{41} kg $\approx 4\times10^{11} M_\odot$)!换句话说,宇宙中的相互作用是以引力为主的.因此足够强度的引力波还得从天体物理过程中去找.但是,

太空中激烈运动变化的天体大都远离地球，多半发生在成千上万甚至成亿光年之外，这就使得即便是相当强烈的引力波，其传到地球上时也都非常微弱了.

引力波的辐射机制

很难激发强度大的引力波的另一个原因是由引力波的辐射机制导致的. 我们知道，电磁波的产生是由电荷的运动变化所激发的，但是归根到底，最强的电磁辐射来自等效于正负电荷对所组成的电偶极子之间的相对振动，这种发射机制称为偶极辐射. 下一个层次的电磁辐射是由等效的电偶极子对所组成的电四极子之间的相对运动变化产生的，称为四极辐射. 四极辐射比偶极辐射微弱多了. 利用电动力学可以证明，四极辐射的强度大致上只相当于偶极辐射的 10^{-17}（即真空中光速数值的平方分之一）. 可见电磁波主要来自偶极辐射.

引力波不存在偶极辐射. 这一方面是由于不存在负质量，不可能组成"质量偶极子"；另一方面，由于动量守恒定律的要求，即使存在负质量也不可能组成质量偶极子的振动. 设两物体的质量和速度分别为 m_1、v_1 和 m_2、v_2，按动量守恒定律有 $m_1v_1 + m_2v_2 = 0$，即 $v_2 = -m_1v_1/m_2$. 若 $m_2 = -m_1 = m$，则 $v_1 = v_2 = v$，即两物体有同样大小和方向的速度，不可能构成偶极子的振动.

换句话说，引力波的最强发射机制也只能是类似于电磁波的四极辐射，这种辐射机制对产生强的引力波是非常不利的.

二、人工方法产生引力波不现实

爱因斯坦在证明引力波存在的同时，提出了用旋转棒产生引力波的方案，但计算结果表明，旋转棒所产生的引力波是很微弱的．可以证明[①]，非轴对称旋转系统可以产生引力波，引力波的频率为旋转系统每秒转过周数的 2 倍．对于一根质量 $m=100\text{ t}$、长度 $l=10\text{ m}$ 的普通钢棒，绕垂直中心轴旋转至转速达到断裂（即高速旋转至离心力将钢棒拉断）时，计算得到所辐射的引力波功率为

$$P_\text{g} \approx 8.4 \times 10^{-30}\text{ W}$$

可见利用旋转棒的人工方法所能产生的极限引力波是微不足道的．

以后又有人提出用压电效应强迫晶体振动，用核爆炸和激光装置等方法来实现人工产生引力波，但所得的计算结果都十分微弱，以致根本不可能用以检测．由此可见，用通常的材料和技术人工产生引力波在目前是不现实的．因此，人们很自然地把注意力集中到天体物理过程中去．

三、天体引力波源

天体物理过程发射的引力波主要有三种类型．第一是连续引力波，这是由有规律的天体运动产生的，例如旋转的天体系统；第二是爆发引力波，这是由天体的突发事件产生的，例如

---

① 有关本节的计算和证明，有兴趣的读者可参阅"郑庆璋，崔世治．广义相对论基本教程．广州：中山大学出版社，1991：6.2 节".

超新星爆发；第三是背景辐射，来源于早期黑洞事件及其他许许多多尽管很弱但数目巨大的引力波源辐射的总效应，构成平均能量较高的引力波背景辐射．下面简要地介绍第一、第二种波源的情况．

连续引力波源

非轴对称的天体旋转会辐射连续的引力波．引力波的强度除与天体的质量及其分布有关外，还与天体旋转角速度的 6 次方成正比．通常大质量天体的旋转速度较慢，因而辐射的引力波功率较弱，频率也较低．有一种称为中子星或脉冲星[①]的致密天体，它是恒星演化后期的一种可能的产物，中子星的质量约等于太阳质量（$\approx 2\times 10^{30}$ kg），且密度很大，可达 10^{18} kg/m³左右，半径约 10^4 m．因此有可能是旋转得较快和辐射较强的引力波源．

以著名的蟹状星云（Crab）中子星为例，它是 1054 年中国宋朝时有详尽记录的超新星爆发的残骸，每秒自转 30 周，辐射的引力波频率为 60 Hz（每秒振动一次称为 1 Hz），可以推算出引力波的功率 $P_g \approx 10^{30}$ W．这一数值乍看非常之大，但计算蟹状星云离地球的距离为 5000 光年时，到达地球上的能流密度却只有

$$S = P_g/(4\pi d^2) \approx 10^{-11} \mathrm{W/m^2}$$

---

① 中子星即脉冲星，最先被英国射电天文学家贝尔（Bell）和休伊什（Hewish）于 1967 年发现．这种天体发出电磁辐射，像旋转的探照灯般定时扫过地球，故地球上接到周期性的电磁脉冲，后来证明脉冲星即中子星．

习惯上用一个无量纲振幅 h（一个没有单位的"纯数"）表示引力波的强弱，定义 $h = \Delta l / l$，其中 l 为空间中与引力波线垂直的任意两点的距离，Δl 为在引力波的扰动下该两点距离的最大变化．其意义显然是空间中与波线垂直的单位长度上引力波的振幅．例如，$h = 10^{-15}$ 表示在引力波的扰动下，自由空间相距 1m 的两点最大的相对位移为 10^{-15} m. 由于引力波有"+"和"×"两种偏振态，有时又分别用 h_+ 和 $h_\times$ 表示相应的无量纲振幅．对于蟹状星云中子星，其辐射的引力波抵达地球时的无量纲振幅为 $h \approx 3.3 \times 10^{-25}$．

产生连续引力波的另一类重要的天体物理过程为密近双星的相互绕质心的旋转．天文学的观测发现，宇宙中的天体很多以双星的形式存在．但一般的双星都距离较大，相互绕转的角速度都很小，因此辐射的引力波都极微弱，只有一些致密的密近双星（即质量和密度都较大，且相距较近，彼此绕转的速度较快的双星）才辐射出可以"考虑"的引力波．表 4.2.1 给出一些重要双星辐射引力波的数据．

表 4.2.1 重要双星辐射引力波的数据

双星	轨道周期 /d	$\dfrac{m_1}{M_\odot}$	$\dfrac{m_2}{M_\odot}$	到地球的距离 /cm	$(-dE/dt)$ / (J/s)	射到地面上的平均能流密度 / (W/cm²)	引力波的无量纲振幅 h
VPup	1.45	1.66	9.8	1.2×10^{21}	4×10^{24}	2.3×10^{-19}	1.1×10^{-20}
UVLoo	0.60	1.36	1.25	2.1×10^{20}	1.8×10^{24}	3.5×10^{-19}	5.4×10^{-21}
WUMa	0.33	0.76	0.57	3.93×10^{20}	4.7×10^{22}	3.2×10^{-20}	9.0×10^{-22}
SWLac	0.321	0.97	0.83	2.3×10^{20}	1.1×10^{23}	1.7×10^{-19}	2.0×10^{-21}
YYEri	0.321	0.76	0.50	1.3×10^{20}	2.6×10^{22}	1.3×10^{-19}	1.7×10^{-21}

续表

双星	轨道周期/d	$\frac{m_1}{M_\odot}$	$\frac{m_2}{M_\odot}$	到地球的距离/cm	$(-dE/dt)$/(J/s)	射到地面上的平均能流密度/(W/cm²)	引力波的无量纲振幅 h
iBoo	0.268	1.35	0.68	3.8×10^{19}	1.9×10^{23}	1.1×10^{-17}	1.4×10^{-20}
WZSgc	81分	0.6	0.3	3×10^{20}	3×10^{22}	3×10^{-20}	1.5×10^{-22}
PSR1913+16	0.323	1.39	1.44	1.5×10^{22}	6.4×10^{24}	2.2×10^{-21}	2.3×10^{-22}

注：本表中的数据，除脉冲双星PSR1913+16外，均取自"G. Papini. Can. J. Phys，52（1974），880".

从表4.2.1中可见，重要双星辐射引力波的功率 P_g 为 $10^{22} \sim 10^{24}$ W，射到地面上的能流密度为 $10^{-21} \sim 10^{-17}$ W/cm². 而引力波的无量纲振幅 h 为 $10^{-20} \sim 10^{-22}$.

爆发引力波源

天体中发生激烈的事件就会产生较强烈的脉冲式引力波，在短时间（例如 10^{-3} s）内释放出较大量的引力波能量，因而在此期间内的辐射功率非常大. 典型的事例是超新星爆发，银河系内这种事件所辐射的引力波传到地球上的能流密度约为 10^{-7} W/m² 或 10^{-3} W/cm²，相应的无量纲振幅约为 10^{-17}，基频为千赫（kHz）的量级. 可惜这类事件平均一百多年才有一次（银河系内最近一次超新星爆发是1604年的开普勒超新星）. 离我们最近（约170万光年）的另一星系——大麦哲伦星云于1987年2月23日发生了一次亮度很大，称为SN1987A 的超新星爆发.

距离我们比较近的室女座（Virgo）星系团中有2500多个

星系.若其中每个星系的超新星爆发频数及强度都和银河系中的一样,则平均每月可有2次的爆发.但由于室女座星系团中的星系离我们较远(平均约为7000万光年),因而辐射的引力波到达地球的能流产生的振动相当于$h \approx 10^{-20}$.

此外,天体坍缩的后期(变成黑洞的瞬间)和黑洞的碰撞或俘获等事件也会产生像超新星爆发那样猛烈的引力波猝发,这可成为又一种爆发引力波源.

4.3 探测引力波的漫漫路

引力波的实验探测有非常重大的意义.首先,在理论上,它是广义相对论或其他引力理论的更重要的实验检验.因为前文介绍的几大实验检验,都是弱场效应的检验,而激发引力波的时空区域却是极端相对论性的,因而它带来的是强场效应的检验,对判别各种引力理论更具决定性的意义.其次,在天文学方面,迄今为止人类所获得的天文信息,除极小量来自宇宙射线和中微子外,基本上来自电磁辐射,而电磁辐射是比较容易被星际物质所吸收和散射的,即无法获得一些巨型天体内部运动变化过程的信息.引力波由于其穿透性好,在穿过质量巨大的物质时没有多大损失,自然可以成为获得巨型天体内部猛烈的天体物理过程信息的重要工具.此外,引力波在科学技术上的应用前景也是无可估量的.引力波作为探测宇宙的全新手段,将为人类描绘一幅前所未见的宇宙图景,借助引力波,人类可以用一种全新的方式对恒星级致密双星系统、中等和大质量黑洞系统、宇宙大爆炸等各种引力波源进行研究．这具有重要的科学意义，不仅能大大增加被人类探测的引力波波源类型，拓宽人类利用引力波探测的宇宙空间范围，更能够将人类对引力波的探测拓展到全新的毫赫兹频段，引领人类进入宇宙全新未知的广阔领域，将有极大可能产生新的科学发现，对基础物理、引力波天文学和宇宙学等科学研究产生深远影响．但是引力波的探测并非易举，多少年来，科学家们为此付出过艰苦的努力．

一、引力波探测的可能途径

大致地说，引力波探测器主要有三种类型：第一种是宇宙飞船的多普勒跟踪，主要用于探测低频和超低频引力波，适用频率范围为 $10^{-4} \sim 10^{-2}$ Hz；第二种是激光干涉仪引力波探测器，这是一种宽带探测器，适用频率范围为 $30 \sim 10^4$ Hz；第三种是机械共振型探测器，它的特点是 Q 值很高，能在较小的天线空间内达到较高的灵敏度，但是它的响应频带窄，主要用于探测对象的频率峰值在 10^3 Hz 附近的爆发性天体物理过程所产生的短脉冲引力波．

目前为止，地面的引力波探测器发展了三代．

第一代以韦伯开创的室温共振型圆柱棒天线为代表．1969年韦伯天线系统达到的灵敏度为 $h \approx 2 \times 10^{-15}$．到 1975 年，第一代这类天线的灵敏度提高到 $h \approx 3 \times 10^{-16}$ 的信噪比极限．

第二代引力波探测器在20世纪70年代中期开始研制，主要的改进措施是降低共振天线探测器的热噪声和增大激光干涉仪的臂长。在液氦温度（-4 K）下，数吨重的共振天线系统的灵敏度达$h \approx 10^{-18}$。与此同时，等效光臂长达数千米的强力激光干涉仪也大约达到了这个灵敏度的水平。

第三代引力波探测器在20世纪80年代中期开始研制，预期的天线灵敏度已达到它的量子极限。借助于"量子非破坏"（quantum nondemolition，QND）技术和"回避反作用测量"（back-action-evading）测量[1]，可使冷至10^{-3} K级、重数吨的共振型天线系统的灵敏度达到$h \approx 10^{-21}$；而光臂长达百千米，单模激光功率达百瓦的激光干涉仪的灵敏度也可达到甚至超过这个水平，这就有希望能够探测到来自星际的引力波。

二、韦伯共振型探测系统

20世纪50年代末60年代初，韦伯对引力波的实验探测首先做了开创性的工作。如图4.3.1所示，他用一根高Q值的铝合金圆柱棒作为探测引力波的天线，圆柱棒在其中部（节点）处被拦腰悬挂，并贴上压电陶瓷作换能器，目标是探测来自宇宙中爆发型的引力波脉冲。

共振型引力波天线的优点是当引力波的频率与天线的本征频率一致并产生共振时，可以把引力波的信号放大Q倍，这对

---

[1] Caves, C M, Thorne K S, Drever R W P, et al. On the measurement of a weak classical force coupled to a quantum-mechanical oscillator. I. Issues of principle. Rev. mod. phys, 1980, 52 (2) 341-392.

探测微弱信号是很有利的.共振型天线的缺点是响应频带过窄,不容易对准,对准了也容易失调,这是因为地球的运动(主要是自转)会产生多普勒频移和温度变化引起天线本征频率的漂移等.因此,这种天线主要是用来探测宽带引力波.天体物理中的爆发过程(包括超新星爆发、球状星团内的黑洞生成、星系核和星体内的黑洞生成、致密双星的坍缩、黑洞俘获、中子星核振动和超新星中微子喷射等)所激发的引力波脉冲就属于这一类型,估计脉冲的宽度为毫秒级(10^{-3} s),频谱的峰值约10^3 Hz,故目前这类天线的本征频率多半设计在10^3 Hz 附近.

图 4.3.1 韦伯和他的"韦伯棒"

由于引力波信号十分微弱,因此防震、隔震和避免外界突然冲击(包括机械的和电磁的)所引起的噪声非常重要.韦伯在 20 世纪 60 年代后期除了采取了防震、隔震措施外,还采用了"符合"实验方法来排除局部冲击噪声的影响.他在马里兰大学和相距 1000 km 左右的阿贡国家实验室中建立两套完全一样的天线系统，利用电话线来进行"符合"实验，即只有两地"同时"接收到信号时才认为可能是来自太空的引力波信号．

韦伯在 1969 年发表的一篇文章中说，他的仪器探测到不排除是来自银河系中心的引力波信号，引起了全球性的轰动．韦伯当时使用的天线系统的灵敏度 $h \approx 10^{-15}$．但是，后来许多实验小组用比韦伯天线灵敏的系统也没能重复韦伯的结果，因此现在普遍认为韦伯天线接收到的可能是某种原因不明的噪声而不是引力波信号．

三、其他室温共振天线

在韦伯 1969 年发表论文后，全世界有许多实验小组马上采用韦伯型共振天线在室温下做引力波探测实验，他们做了或多或少的改进，但原理都是一样的．值得一提的是，我国于 1974 年也在北京和广州分别成立了中国科学院和中山大学两个探测引力波小组，着手建立共振型引力波探测系统．特别是中山大学的引力物理研究室，在 20 世纪 80 年代初期建成当时世界上比较先进的室温共振天线系统．中山大学的天线为高 Q 值（约 10^5）的铝合金圆柱体，直径 $d = 0.76$ m，长度 $l = 1.78$ m，质量 $M = 1.963$ t，本征频率 $f_0 \approx 1400$ Hz，用压电陶瓷作换能器．真空罐为圆柱形钢筒，直径 $D = 2.6$ m，长度 $L = 5$ m，工作真空度 1～10 Pa，能脱离真空系统维持 10 天左右. 隔振平台共重 40 t, 其中水泥平台 20 t, 真空罐、油阻尼及其他容纳物 20 t. 空气弹簧的工作气压 $(4\sim5)\times10^5$ Pa. 天线在室温 (300 K) 中工作, 灵敏度 $h\approx10^{-16}$, 图 4.3.2 是中山大学引力波探测系统的示意图.

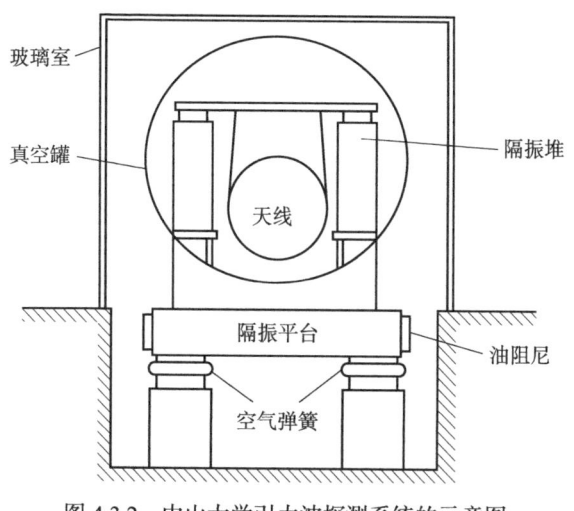

图 4.3.2 中山大学引力波探测系统的示意图

四、激光引力波探测器

1971 年, 莫斯 (G. Moss) 等在美国休斯 (Hughes) 实验室首先建立了迈克耳孙干涉仪型的激光引力波探测器. 它是利用在引力波作用下干涉仪臂长的变化来探测引力波的. 图 4.3.3 是仪器的结构原理图, 分光镜 (半透镜) 把激光分成相互垂直的两束, 经反射镜 M_1、M_2 反射后集中射到光电接收器上. 三个镜子都分别与检测质量固联, 悬挂成自由运动的状态. 在引力波作用下，干涉臂长（光程）发生变化，从而使光电接收器接收到干涉光强的变化，检测出引力波信号.

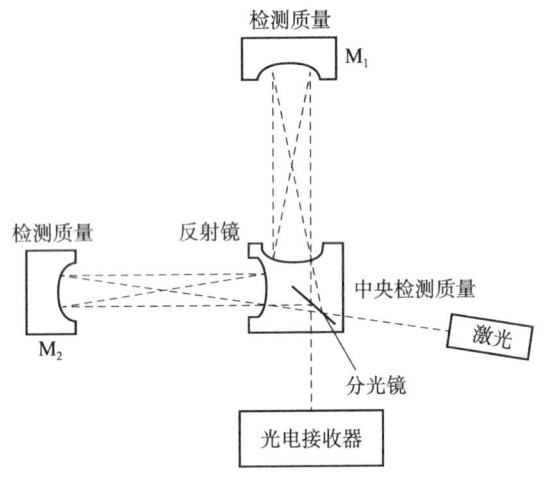

图 4.3.3　激光引力波探测器原理图

实际探测自然十分困难，因为引力波作用所引起的光程差变化十分微小，而且又是与干涉臂长成正比的.因此增强信号的有效措施是增加干涉臂长，但也不能无限地加大，最佳的干涉臂长应等于所接收的引力波波长的 1/4.对于频率为千赫（kHz）量级的引力波，计算结果表明，最佳臂长约 10^5 m，这样长距离的干涉臂实际上是很难实现和操作的.

研究人员早期采用多次反射的方法使等效臂长增加，如德国普朗克研究所激光干涉仪的臂长 $l = 3$ m，经 $n = 138$ 次反射后才进行干涉，使其等效臂长增至 $L = nl = 414$ m. 也有人（如英国 Glasgow 组）使用法布里–珀罗光学谐振腔于每一光臂上，这样一方面可以克服散射光的影响，另一方面也大大增加了等效臂长．

激光引力波探测器是属于准自由质量型探测器，它的工作频带较宽，既是接收天线又是换能器，一般用频谱密度 h' 来表示其灵敏度．引力波的无量纲振幅与频谱密度的关系为 $h = h'\sqrt{\Delta f}$，其中 Δf 为检测的频带宽度．与机械共振型天线相似，激光探测器的灵敏度也取决于它的噪声，包括光子散弹噪声[1]、激光功率涨落、频率漂移以及光束形状变化等．如果采用足够长的光干涉臂长，单模激光功率达百瓦的激光干涉仪的灵敏度可达到甚至超过实验的精度要求，则有希望能够探测到来自星际的引力波．

1991 年，麻省理工学院与加州理工学院在美国国家科学基金会（NSF）的资助下，开始联合在美国华盛顿州汉福德地区和路易斯安那州利文斯顿市的一处同时建设大型的激光引力波探测器实验室，称为"激光干涉引力波天文台"（laser interferometer gravitational-wave observatory，LIGO）.

1999 年 11 月初步建成，见图 4.3.4，激光干涉仪的臂长为 4000m，耗资 3.65 亿美元．2005～2007 年，LIGO 进行升级改造，包括采用更高功率的激光器、进一步减少振动等．升级后的 LIGO 被称为"增强 LIGO"．2009 年 7 月，增强 LIGO 开始运行，以后又不断改进．

---

[1] 光子散弹噪声来源于光的量子性质，它所引起的附加光程差与激光功率的 1/2 次方成反比．

(a) LIGO两个观测站之一鸟瞰图

(b) LIGO观测站的光臂实物外观照片

图 4.3.4　激光干涉引力波天文台

除了LIGO之外，还有位于意大利的Virgo（臂长为3 km）、德国的GEO600（臂长为600 m）. 计划中的还有澳大利亚国际引力波天文台（AIGO，也称为LIGO-澳大利亚，臂长为5 km）、印度的INDIGO（也称为LIGO-印度，臂长为4 km）、日本的低温激光干涉天文台（CLIO，臂长为100 m，其前身是臂长为300 m的TAMA300）及神冈引力波探测器（KAGRA，臂长为3 km）等.

> **选读**
>
> ### 低温共振型天线
>
> 在采用了良好的防震、隔震措施后,天线的灵敏度取决于热噪声.热噪声包括天线棒的布朗噪声、换能器噪声以及后续电路(主要是前置放大器)的噪声及其对天线的反作用.
>
> 应用低温技术可以提高天线系统探测的灵敏度,美国斯坦福大学建立的低温引力波天线探测系统利用液氦将温度降至 4.2 K,再排气降压使温度达 1 K,铝棒天线质量 $M=4.8$ t,使用 6061 型铝合金,在低温下 Q 值达 10^7,使探测引力波的灵敏度提高到 $h\approx 10^{-18}$.进一步的努力是将天线的温度降低到毫开(即 10^{-3} K)级,此时换能器及前置放大器的噪声变成是主要的.20 世纪 80 年代中期,由于科技的进步,发展了多种低温下工作的换能器,预期的天线灵敏度已达到它的量子极限.借助于"量子非破坏"技术和"回避反作用测量"测量,可使天线温度冷至 10^{-3} K 级、重数吨的共振型天线系统的灵敏度达到 $h\approx 10^{-21}$.

4.4 人类终于在地面上探测到引力波

一、理论上间接证明引力波的存在

1978 年,泰勒(J. H. Taylor)在慕尼黑"国际 Texas 天体

物理会议"上发表的《引力波的一个定量证据》一文中首次指出,对射电脉冲星 PSR1913+16 从 1974 年到 1978 年历时 4 年监测的结果,发现其周期变化率为 $dT/dt = (3.2 \pm 0.6) \times 10^{-14}$,与理论计算辐射引力波所损失的能量(称为辐射阻尼)导致的结果,在 20% 的精度范围内一致. 后来又经过赫尔斯(R. A. Hulse)和泰勒近 20 年的精确观测研究,对该双星系统的周期变化进行了细致的分析,发现双星系统的周期变化结果和根据爱因斯坦理论计算的辐射引力波的结果是相符的,这一成果间接证明了引力辐射的存在,得到物理界权威的公认,他们于 1993 年因此项工作获得了诺贝尔物理学奖.

二、石破天惊好消息

北京时间 2016 年 2 月 11 日 23:40 左右,LIGO 负责人、加州理工学院教授 David Reitze 宣布,LIGO 发现了引力波.

2015 年 9 月 14 日,位于美国华盛顿州汉福德地区和位于路易斯安那州利文斯顿市的引力波探测器实验室(激光干涉引力波天文台,如图 4.4.1~图 4.4.3 所示),在这个宁静的夏夜,搜寻到了一阵时空的涟漪. 随之载入史册的,还有这串涟漪的名字: GW150914,这就是在 2015 年 9 月 14 日人类首次直接探测到的引力波(GW). 在北京时间下午 5:51,LIGO 接收到来自南天球一个信号在从 20 Hz 跃升到 150 Hz 的并合频率时只用了不到 0.2 s 的时间(图 4.4.4). 经反复分析研究认定,这是在十几亿光年外,两个分别为 29 倍太阳质量和 36 倍太阳质量的超恒星级黑洞并合产生的信号.这个信号极其微弱,其效应相当于地球、太阳之间距离改变一个原子的大小!

图 4.4.1 LIGO 位于华盛顿州汉福德地区的观测站

图 4.4.2 LIGO 位于美国路易斯安那州利文斯顿市的
引力波探测器实验室

图 4.4.3 LIGO 两个工作站的相互位置

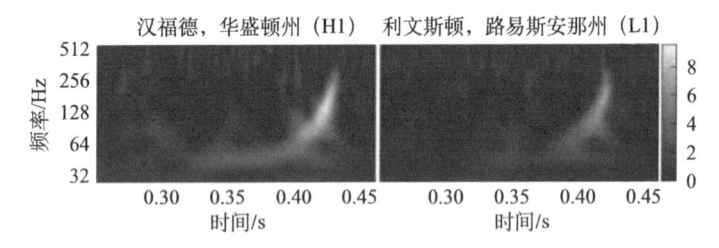

图 4.4.4 LIGO 汉福德（H1，左）和利文斯顿（L1，右）探测器所观测到的 GW150914 引力波事件

人类首次直接探测引力波信号的那一年，恰恰是爱因斯坦发表广义相对论的一百周年整；而宣布这一探测的年份，又恰恰是爱因斯坦根据广义相对论推导得出引力波的一百周年．人类终于直接探测到根据爱因斯坦的引力理论预言的、来自太空的引力波．此项工作使韦斯（R. Weiss）、巴里什（B. C. Barish）和索恩（K. S.

图 4.4.4 彩图

Thorne)三人荣获了2017年诺贝尔物理学奖.此次观测结果与广义相对论的预言相符,不仅直接证明了引力波的存在,也证实了黑洞的存在,同时也打开了一扇研究宇宙的新窗口.

三、宇宙从远处派来的"信使"GW170817

特别令人振奋的是,2017年8月17日,从LIGO观察到引力波信号不到2 s后,美国国家航空航天局费米空间望远镜观察到同一天区的一个γ暴信号,之后全球约70个地面及空间望远镜(包括我国的"慧眼"天文卫星和超大型射电"天眼"等)都在同一时间观测到了此次引力波事件,都观察到同一空间区域不断发来的各个电磁波波段的信号,并观测到原子序数超铁的大原子序数元素(如金、银、钨、铀等)的光谱线.

经综合分析,确认引力波信号来自距地球约1.3亿光年的长蛇座内NGC4993星系内的双中子星相互绕转,最后激烈合并,产生了引力波和多波段电磁波辐射,以及超铁的大原子序数元素,这标志着包括各个电磁波波段和引力波"多信使天文学"进入一个新时代[1].它较全面地证实了爱因斯坦预言的引力波的方方面面,例如,传播速度与光速的关系、引力波的偏振性以及猝发波源脉冲的主频率与其质量的反比关系等.

此外,核物理学告诉我们,铁的每个核子(质子和中子)平均的结合能最大,原子核的聚合放热反应不可能自动形成稳

---

[1] 邵立晶.GW170817:爱因斯坦对了吗?.物理,2019,48(9):567.

定的超铁元素（原子序数大于铁的元素），换句话说，由低原子序数 A 的核放热聚合能效应终止于铁，而两中子星的碰撞合并释放的附加能量则可以产生超铁元素.因此含超铁元素的恒星（如太阳等）都不是第一代恒星，它们是从初始恒星的残骸聚合而成的第二或第三代恒星.

选读

恒星的诞生

按照现在普遍接受的观点，恒星是从弥漫的星际气体云收缩而成的.气云的主要成分是氢.由于收缩，引力势能转化为动能，气云的温度不断升高，逐渐发热发光.当它的内部温度升高到几百万摄氏度时，就开始产生热核聚变反应，氢聚变成较重的元素（主要是氦），并以辐射的形式释放出大量的能量，到这时，一颗第一代恒星就正式诞生了.

核物理学告诉我们，铁核是一种结合能最大的核，因而也结合得最紧.从氢到铁的每一反应都是产能放热的，但要使铁核互相结合成更重的原子核，则不但不能释放出能量，反而要吸收能量.因此恒星核心演化成铁核以后便会逐渐冷却，以致热压力不足以抗衡引力而继续收缩.若恒星的质量足够大，则其核心因万有引力的作用使密度越来越大，又进一步增强了它对外壳的吸引，以致不断地坍缩下去.当星核的密度达到 10^{14} kg/m^3 时，星核中的电子便落入铁核中并合成一个由中子组成的星核,其密度在几分之一秒内剧增至 10^{18} kg/m³,使星核达到上百亿摄氏度的温度,并通过辐射中微子等复杂过程把星壳加热至2000亿摄氏度左右,从而开始爆炸性的燃烧,释放出更多的光和热能.这就是"超新星"爆发现象.超新星爆发的那种高温、高密度环境为比铁核重的元素合成创造了条件.重元素在超新星爆发过程中炼制出来,抛散到太空中,当新的一代恒星和行星从这些星际物质中脱胎而出时,这些星球上便有了从氢到铀以至更重的全部元素.

太阳系中具有超铁的全部元素,可见太阳系形成之前,在它附近的太空中必定发生过一次超新星爆发.我们知道,铀-238(^{238}U)的半衰期(衰减一半所需的时间)为 4.5×10^9 年,而铀-235(^{235}U)的半衰期却为 7×10^8 年.即 ^{235}U 比 ^{238}U 衰减得更快,它们之间的相对丰度会越来越小.如果知道太阳系形成时及现时实测到它们的相对丰度,就可以通过理论计算求出太阳系(包括地球)的年龄.正是根据这一原理,加上除铀元素以外其他几种天然放射性元素的相对丰度,包括从陨石和月球上取来的样品综合研究的结果,目前认为太阳系诞生于45亿~50亿年之前.

此外,除超新星爆发外,两颗质量较大的恒星互相碰撞合并爆炸,也会产生超铁元素的碎片.

4.5 引力波的探测方兴未艾

引力波探测是全球基础研究的热点之一,自从引力波与人类首次"照面"后,引起了全世界的关注,再次点燃了人类加大探测引力波的热忱,引力波的探测方兴未艾.目前世界上最主要的地面引力波探测器有美国的 LIGO、欧洲的 Virgo、德国的 GEO600 和日本的 TAMA300(以及 KAGRA)等地面探测器.引力波是时空的涟漪,它能告诉我们关于宇宙起源、演化和时空结构的信息.100 多年前爱因斯坦广义相对论就已经预言了它的存在.2016 年 2 月 11 日,美国的 LIGO 宣布在 2015 年 9 月 14 日人类首次直接探测到了引力波,证实了爱因斯坦的预言.这是迄今为止 21 世纪物理学最重大的发现,它宣告了引力波天文学时代的到来.2017 年,韦斯、巴里什和索恩因这一发现获得了诺贝尔物理学奖.2016 年 6 月 16 日凌晨,LIGO 合作组宣布:2015 年 12 月 26 日 3:38:53(UTC),位于美国汉福德区和路易斯安那州的利文斯顿的两台引力波探测器同时探测到了一个引力波信号;这是继 LIGO 2015 年 9 月 14 日探测到首个引力波信号之后,人类探测到的第二个引力波信号.到目前为止,美国的 LIGO 和欧洲的 Virgo 观测到了 50 多个引力波事件,这些信号都是由天体中恒星级双黑洞、双中子星、黑洞与中子星或黑洞与其他奇异致密星体合并产生的.

一、利用太空卫星探测低频引力波

目前人类探测到引力波信号的基地均在地面上,但地面引力波探测器有局限性,只能检测到由恒星级黑洞或中子星并合所发出的频率较高的短暂强烈的引力波.引力波天文台的基本困难是难以隔离外来低频、超低频的振动干扰.而据估计,太空中普遍存在的是双星相互绕转而发射的超低频引力波.人类要探测低频引力波必须由发射到太空中的太空观测站解决.利用太空卫星探测超低频引力波,是一种很好的办法,不过它成本高且技术难度较大.多少年来,多国科学家都在努力攻克难关,聆听宇宙共筑"深空"梦,展望未来续写新篇章.作为探测宇宙的全新手段,引力波探测将为人类描绘更为绚丽的宇宙图景,借助不同波段的引力波探测,人类可以对恒星级致密双星系统、中等和大质量黑洞系统、宇宙大爆炸等各种引力波源进行研究.

稍微回顾一下国外空间引力波探测历程:欧美发达国家很早就布局了空间引力波探测计划,LISA(laser interferometer space antenna,激光干涉空间天线)就是其中最有名的一个.1980年,欧洲空间局提出空间引力波探测概念.1990年,欧洲空间局提出LISA计划.1997~2011年,欧洲空间局和美国国家航空航天局进行初期研究.2017年,欧洲空间局宣布LISA为L3项目,预计2034年后发射LISA,并于法国巴黎时间2015年12月3日发射了"LISA探路者",经过为期6周的"太空遨游",抵达位于太阳和地球连线上的"拉格朗日点"L1,

距离地球表面 1.5×10^6 km，如图 4.5.1 所示.

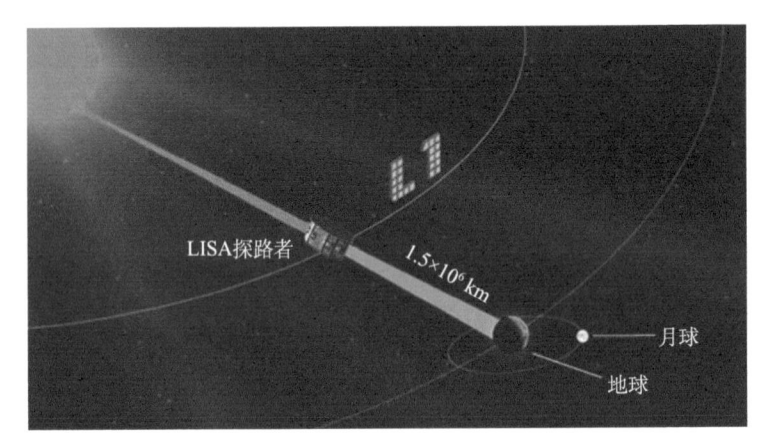

图 4.5.1 "LISA 探路者"示意图

LISA 由三个探测器组成，三者之间两两形成相距 5×10^6 km 的干涉臂.后来又修改了方案，距离缩小到 1×10^6 km，更名为 eLISA.

中国科学家从来没有放弃对这一最前沿的科学问题的探索.科技部于 2020 年立项了"引力波探测"重点专项，要面向引力波研究发展前沿，围绕引力波探测研究的重大科学问题和瓶颈技术，提升我国引力波探测研究的创新能力.随着中国科学院公布了一项新的探测引力波的"空间太极计划"（以下简称"太极计划"），中国科学家一系列与引力波探测相关的计划也浮出水面，其中，由中山大学发起的空间引力波探测工程"天琴计划"已正式启动，备受关注.

2021 年 9 月 16 日，国际最权威的天文刊物之一 *Nature Astronomy*（《自然·天文》）杂志刊登了由中国科学家龚云贵、罗俊、王斌撰写的论文 *Concepts and status of Chinese space gravitational wave detection projects*,全方位地介绍中国的"天琴"及"太极"计划的历史、概念及进展.这是中国科学家第一次在顶尖国际杂志对中国空间引力波探测计划做完整系统的介绍,并对未来参与国际竞争与合作发出中国声音.

LISA 计划、天琴计划、太极计划都是探测低频引力波的太空探测方案.天琴计划是地心轨道方案,LISA 计划、太极计划是日心轨道方案,它们都需要相同的核心技术,也有各自不同的技术难题,但对空间引力波探测具有互补性.作为中国空间引力波探测的太极计划,与欧洲 LISA 计划基本相同,在距离地球约 5×10^7 km 的轨道上,发射三颗全同卫星,三星编队轨道以太阳为中心,设计干涉臂臂长即卫星间距 3×10^6 km.2016 年,提出该计划的中国科学院为实现它制定了"三步走"发展路线.天琴计划是中国科学院院士罗俊于 2014 年 3 月提出、以中国为主导的国际空间引力波探测计划.根据该计划,2035 年前后,将在以地球为中心、在距离地球约 1×10^5 km 的轨道上部署三颗卫星,构成边长约为 1.7×10^5 km 的等边三角形星座,在太空中建成一个探测引力波的天文台.

与 LISA 和太极相比,天琴对相对高频信号(0.1 Hz)观测更加敏感,由于波源定位能力随频率增大而提高,天琴在对高频引力波波源的定位能力方面具有明显的优势.考虑到 LISA 与天琴不同的设计理念与运行轨道,它们联合观测时能互补,在 1~100 mHz 范围内,LISA 和天琴联合观测网的定位精准度比单个探测器高且定位效率也高,覆盖天区范围更广阔.天琴的敏感频率在几十毫赫兹频段,它的定位及探测能力不会受到探测器平面指向固定参考源的影响.此外,太极探测器臂长大于LISA的,在毫赫兹频段,太极比LISA敏感,尽管LISA与太极轨道类似,在毫赫兹频段,LISA和太极的探测器平面转动不但可以帮助其提高空间定位能力,而且可以帮助其覆盖所有空间方位.三个探测计划里,单个探测器对于不同空间方位的敏感度不同.三个探测器联合起来不仅可以覆盖更宽广的空间,而且可以更加精确地确定引力波源的物理参数,从而更好地理解种子黑洞的起源及演化、宇宙的起源及演化与引力的本质特性等.目前,天琴计划"0123"技术路线图中的第"0"步的月球激光测距和第"1"步的"天琴一号"技术试验卫星项目已经顺利开展,作为第"2"步的"天琴二号"卫星项目正在顺利推进中.太极计划也完成了三步走中的第一步,正在推进后续工作.两个计划的工作得到了国际上越来越多科学家的关注和重视.如果中外的空间引力波探测计划如期实现,那么到21世纪30年代,这三个空间引力波观测站通过优势互补、相互协作,将有望确定引力波波源等重大宇宙信息,共同揭示更深刻的引力物理本质,从而为人类揭开更多宇宙奥秘.其具有重要的科学意义,这是值得我们期待的.

二、中国的天琴计划

三星上天布琴阵　捕捉宇宙引力波

20世纪90年代罗俊团队就开始积累空间引力波探测的相

关关键技术．为天琴计划已做了 20 多年的技术储备．在技术方面，对引力常量的测量、引力定律检验的研究，我国都处于世界的前沿．在星间激光测距方面已有很多年积累，惯性传感器方面也做了 10 多年的技术积累．领头人罗俊和他的团队曾三十多年坚持不懈地待在山洞中做精密引力测量研究，取得了世界公认的先进水平成果，并且建立和培养了一个相应的研究团队．

针对确定的引力波源进行探测，卫星本身作高精度无拖曳控制以抑制太阳风、太阳光压等外部干扰，卫星之间以激光精确测量由引力波造成的距离变化．三颗卫星上将安装推力可以精细调节的推进器，实时调节卫星的运动姿态，使得当中的被检测对象始终保持与周围的保护容器互不接触的状态．使用高精度的激光干涉测距技术记录由引力波引起的、不同卫星上的被检测对象之间的细微距离变化，从而获得有关引力波的信息．为什么要用三颗卫星，并且是等边三角形？这是考虑到引力波引起空间的变化是一边拉伸、另一边压缩的特性，等边三角形就可以有一个参考，来确定某个方向的距离变化是引力波引起的改变，而不是其他因素引起的改变．联合观测不但可以极大提高对引力波源的空间定位能力，而且可以观测到更宽的频段及更大的空间范围，从而为研究哈勃常数等宇宙学参数及宇宙演化提供新的观测手段．

"天琴"名字的由来

天琴计划将发射三颗卫星（SC1、SC2、SC3），这三颗卫星在太空中的分列图类似乐器竖琴,故命名为"天琴计划",形似竖琴,听天籁之音,在太空中架一把竖琴,仰望光年之外的星空,聆听宇宙深处的琴音.从图 4.5.2 中可见,轨道类型为地球中心轨道,轨道半径约 10 万 km.

与 LIGO(地面实验)对比如下.LIGO:针对 10 Hz~1 kHz 引力波.天琴:针对 mHz~1 Hz 引力波,两者在频段上互补.

与 LISA(空间计划)对比如下.LISA:太阳轨道,针对 0.1 mHz~0.1 Hz 引力波,在低频端更有优势,但技术更困难.天琴:地球轨道,在与地面探测联合进行多波段研究方面更有优势,更符合我国的技术发展实际.

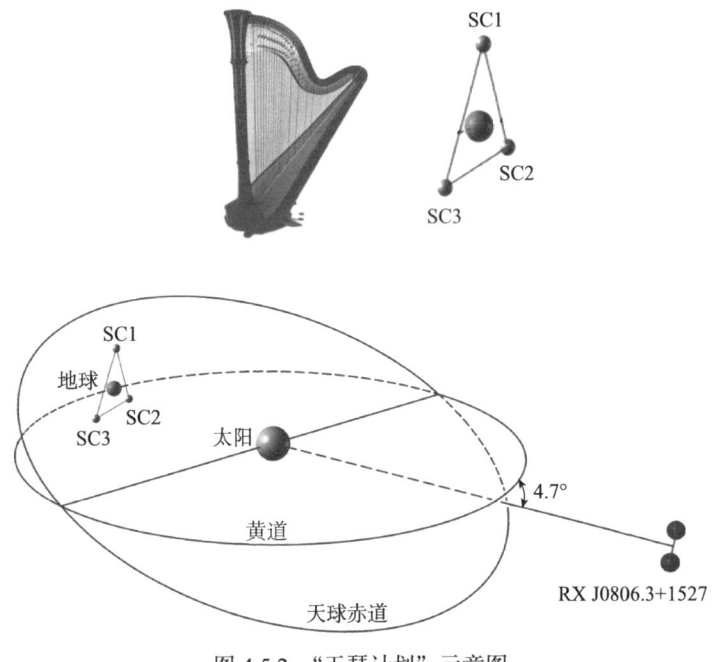

图 4.5.2 "天琴计划"示意图

天琴计划的优点

（1）每一个卫星都是一个"局域惯性系"，在它的质心附近安放探测仪器，就可以免除地球上防震、隔震和其他干扰所带来的困难，可以探测低频甚至超低频引力波，这种波源在宇宙中随处皆是．外来的引力干扰（例如附近流星飞过）很容易剔除．

（2）作为探测引力波对时空影响的灵敏度，光臂当然越长越好．在太空中原则上可以无限加长光臂的大小，只要激光强度和测量长度的精度允许．且其间可以免除维护光路中真空度的困难和维护经费，或许还能附带检测大范围空间内有无真空涨落的异常出现．

（3）天琴计划有的放矢，探测结果可和天文观测互相认证，使结果更为可信．由于是连续观测，不会出现不可重复性的问题．

（4）如果天文观测发现其他可能产生强引力波的波源（如巨大的致密互旋双星系统），则可以调整三颗卫星的方位，使它们所处的平面法线指向新的探测对象，发挥探测系统最大的灵敏度．

相对于首次发现引力波的 LIGO 而言，天琴计划有何不同呢？LIGO 是在地面探测高频段引力波，而天琴计划则是将在空间中进行测量，探测低频段引力波．低频段的引力波，是连续的引力波，其反映出来的东西更多元、更丰富，一方面可从侧面验证 LIGO 引力波源、引力波传播的性质，另一方面也可能探测到大质量甚至超大质量的黑洞.

中山大学珠海校区正在建设天琴计划综合研究设施,以发展空间引力实验关键技术为导向,在引力理论与实验分析、卫星平台与控制、光学测量与遥感、地月系统物理实验四个方面展开系统研究,培育大科研团队.

"沿途下蛋"的科研创新模式

天琴计划瞄准的是基础科学前沿和国家战略需求,通过开展高水平科学研究和培养创新科技人才分步实施科学计划.总体规划上,"天琴计划"预期执行期为2016~2035年,分四阶段实施,制定了"0123"技术路线图,在关键技术上探索出"沿途下蛋"的基础科研创新模式,一方面各步骤任务有自己的科学产出或重大应用,另一方面又分阶段推动我国空间引力波探测共性关键技术不断取得新进展,从而保障空间引力波探测任务的最终开展.同时,有助于推进引力波天文学、宇宙学以及基础物理等方面的实验探测研究.为我国的基础研究和应用研究作出应有贡献.

第一阶段为2016~2020年,该阶段已完成月球/深空卫星激光测距、空间等效原理检验实验和下一代重力卫星实验所需关键技术研发.主要研发成果包括:新一代月球激光测距反射器、月球激光测距台站、高精度加速度计、无拖曳控制(包含微推进器)、高精度星载激光干涉仪、星间激光测距技术等.

第二阶段为2021~2025年,该阶段的任务是完成空间等效原理检验实验和下一代重力卫星实验工程样机,并成功发射下一代重力卫星和空间等效原理实验卫星.主要研发成果包含:超静卫星平台、高精度大型激光陀螺仪,以及进一步提高高精度加速度计、无拖曳控制(包含微推进器)、高精度星载激光干涉仪、星间激光测距等技术.

第三阶段是2026～2030年,该阶段将完成空间引力波探测关键技术、卫星载荷工程样机.

第四阶段是2031～2035年,该阶段将进行卫星系统整机联调测试、系统组装,发射空间引力波探测卫星.

目前,"0"和"1"已经完成,"2"中的关键技术的地面验证也全部完成.

"天琴一号"卫星成功发射升空

"天琴一号"是由国家航天局正式立项的首颗空间引力波探测关键技术试验验证卫星,于2019年12月20日在太原发射成功,承担着空间引力波探测六大共性技术的在轨验证任务.2020年1月18日,我国天琴计划的首颗技术验证卫星——"天琴一号"卫星成功完成无拖曳控制飞行验证,空间引力波探测六大技术在轨验证通过,精度达到国际先进水平.这标志着我国向空间引力波探测迈出了坚实一步."天琴一号"的核心任务是验证空间惯性基准技术,好比引力波"探头",这是空间引力波探测技术体系中的核心技术之一,它包括高精度惯性传感、微牛级连续可调微推进和无拖曳控制三大关键技术.其余三大技术分别为高精度激光干涉测量技术、高稳定度温度控制技术和高精度质心控制技术.

"天琴二号"是正在稳步推进的步骤"2",计划在 2025 年前后发射双星(2 颗卫星),即利用两颗卫星在约 400 km 轨道高度上,对超长距离的星间激光干涉测量技术进行在轨验证.该技术常被比喻为空间引力波探测的"尺子",是空间引力波探测中最核心的技术之一,瞄准未来空间引力波探测.目前"天琴二号"多项关键技术已经完成了地面验证.地面验证的通过意味着关键技术指标在原理上可以满足"天琴二号"的技术要求,为"天琴二号"卫星的如期发射提供了重要技术保障.

重力卫星对国计民生具有重大战略意义."天琴二号"卫星不仅能为下一代重力卫星的核心技术提供在轨验证,而且其科学数据可为建立高精度、高时空分辨率的全球重力场模型积累经验,最终服务于大地测量、地球物理、国防安全等领域,有助于应对全球气候变化、防灾减灾等人类共同面临的挑战."天琴二号"卫星在轨验证的星间激光干涉测量技术是国际上下一代重力卫星的关键技术.这意味着我国重力卫星技术有望实现与欧美国家并跑之势.天琴合作组于 2018 年正式启动,截至 2021 年底,合作组已有 20 个国内高校和研究院所,还有 8 个国家和地区的合作成员,这说明中国自主的空间引力波探测计划具有吸引越来越多科学家参与的魅力.

天琴计划具有重要的科学意义,它将人类对引力波的探测拓展到全新的毫赫兹频段,打开 0.1 mHz～1 Hz 频段的引力波探测窗口,主要探测对象包括了从几倍太阳质量的恒星级黑洞到星系中心高达上千万倍太阳质量的大质量黑洞、银河系中大量的致密双星、邻近宇宙空间的恒星级双致密星，以及源于早期宇宙的引力波等．天琴计划有望提供大量无法通过其他探测手段获取的信息，包括不同红移距离上的致密天体信息，如高红移的大质量黑洞双星、银河系中的致密双星等的信息，对于揭示大质量黑洞的起源与成长历史、星系或星团核区动力学、恒星级致密星的天体物理、银河系双致密星的起源和演化、宇宙膨胀、引力与黑洞本质、早期宇宙及高能物理等都有非常重要的意义，并有可能发现目前无法预料的新物理，将对天文学、物理学研究产生显著的推动作用．

尾声

牛顿在 1687 年的巨著《自然哲学的数学原理》中提出了万有引力定律，在广义相对论诞生前的 200 多年间，牛顿万有引力定律被广泛接受．1905 年爱因斯坦提出了狭义相对论．狭义相对论认为所有的惯性系都是等价的；任何信号的传播都需要时间，最高速度是光速．因此，牛顿万有引力定律本身固有的超距作用与狭义相对论是不能兼容的．爱因斯坦基于等效原理和马赫原理，认为相对论性的引力理论必然要超越狭义相对论．历史上，爱因斯坦经过近 10 年的探索和研究，于 1915年 11 月，在普鲁士科学院报告了引力场方程，这个报告正式宣告了广义相对论的建立．广义相对论将时空的几何和时空中的物质分布用一个张量方程——爱因斯坦引力场方程联系了起来．在广义相对论中，物质之间的引力相互作用来自于时空本身的弯曲效应，时空的弯曲方式又是由物质的分布决定的．作为关于时间、空间和引力的理论，爱因斯坦广义相对论是人类历史上自牛顿引力以来对引力现象认知的一次质的飞跃．一百余年以来，爱因斯坦的广义相对论仍然是最为成功的引力理论，通过了大量的实验观测检验．基于广义相对论和宇宙学原理建立的宇宙学标准模型也取得了巨大成功，其基本预言已经被大量的宇宙学和天文观测所证实．黑洞和引力波作为广义相对论的两个重要预言，近几年也终于得到了实验的直接证实，为广义相对论奠定了坚实的实验基础．

狭义相对论和广义相对论的前提和结论，绝大多数都是经过科学实验证明了的，它不但对高科技，乃至对日常生活都产生越来越大的影响．从微观世界的粒子物理到宏观世界的核弹和核能发电，乃至宇观世界的天体物理和近代宇宙学的进展和新发现来看，这些都离不开相对论的理论基础．在人们日常生活中，广义相对论也发挥了重要作用，比如全球定位系统的研究开发中，为了精确定位，就需要考虑广义相对论带来的修正．当今的科技产业领域中，国防、交通系统和智能手机上都已经具备全球定位功能，而且这些设备或者民用品都已经采用广义相对论方法对系统进行修正，达到更为精确的定位．

相对论不仅仅是一个物理理论，它已经深深地融入人类文化．它催生了那么多理论和应用的成果，又给小说和电影带来那么多灵感和素材，2020年美国好莱坞根据极度时空弯曲的理论，花巨资拍了一部很有意思的科幻大片《星际穿越》，深受关注．它是一部与相对论密切相关的电影．他们请了引力理论经典巨著 *Gravitation* 的作者之一索恩来当科学顾问，为了把黑洞和虫洞拍得真实可靠，他们还做了大量的数值模拟．这是科幻电影中第一次把相对论的许多效应都处理得较为符合物理理论．例如，相对论预言，在时空极度弯曲处，可能出现由一个星系通向另一个极远处星系的捷径,它就是"虫洞".又例如相对论的一个结论是当事物处于高速运动或强引力场中,与其联系的钟(含生物钟)变慢.这个结论在精密实验中已证实.一个物理理论,竟然可以带给影片主人翁——库柏以亲情父爱的体验,真的很美妙!仅以打油诗抒发一点感慨:

> 库柏星际穿"虫洞",
>
> 幼女惜别梦魂中,
>
> 惊险历尽回归日,
>
> 女儿垂老已临终.

我们人类赖以生存的地球,乃至我们硕大的银河系,放到茫茫大宇中真的不过是一粒悬浮在阳光下的微尘.苏联诗人马雅可夫斯基在影响几代人的科普期刊《知识就是力量》创刊号中写道:"如果你想忘记忧闷和懒惰,自己就要知道:地球上在做些什么?天空中发生些什么?"史蒂金·霍金在2018年9月19日留下最后的话:"别只顾着脚下的路而忘了抬头仰望星空.理解你所见之物,并猜想宇宙存在的理由,保持好奇心."探索浩瀚宇宙是人类共同的理想.我们也希望更多的青少年读者仰观苍穹思寰宇,怀揣探测宇宙奥秘的梦想,聆听宇宙共筑"深空"梦,展望未来续写新篇章.

后　记

落红不是无情物，化作春泥更护花．

这本小书动笔于 2020 年，到现在才出版，中间经历了四年，这中间有一些故事想让读者了解一下．

在得知人类首次直接探测到引力波后，曾经多年担任中山大学引力物理研究室主任的郑庆璋教授萌生了写一本有关相对论和引力波的科普读物，向青少年普及这方面的知识，而我退休后曾在中山大学多年讲授有关相对论时空观的核心通识课程，于是我和我的老伴郑庆璋教授共同商议了编写大纲，并开始准备资料．但是 2020 年底郑庆璋的病情迅速恶化，他只能在医院的病床上编写，还没完成书稿就离世了．我决心完成他的心愿，继续编写《从相对论到引力波》这本书．但正当快完稿的时候，我意外被炉火烧伤，住了四个月的医院，经历两次植皮手术，右手已完全残废了，并且出院后伤疤一直没有恢复，痛痒难忍，所以写书就停了下来．

今年正是中山大学建校 100 周年，考虑到相对论时空观是大学生应有的知识背景，也是现代某些科技领域的理论基础，具备文化素养的现代大学生，不仅要知道莎士比亚，也要知道爱因斯坦，我决定克服困难，完成这本书，作为大学生通识教育的参考读物，并将本书献礼母校 100 周年纪念.

郑庆璋去世时已是 88 岁，而我今年也 86 岁，我们这批中大老人终会相继离世，但我们不忘教育初心薪火相传！最后引用"落红不是无情物，化作春泥更护花"表明我们的心志.

罗蔚茵
2024 年 7 月于广州康乐园